奇迹数学世界
QIJISHUXUESHIJIE

千奇百怪的数

QIANQIBAIGUAI
DESHU

周　阳◎主编

北方妇女儿童出版社

图书在版编目（CIP）数据

千奇百怪的数／周阳主编 . — 长春：
北方妇女儿童出版社，2012. 11（2021. 3 重印）
（奇迹数学世界）
ISBN 978 – 7 – 5385 – 6883 – 7

Ⅰ . ①千… Ⅱ . ①周… Ⅲ . ①数 – 青年读物②数 – 少
年读物 Ⅳ . ①O1 – 49

中国版本图书馆 CIP 数据核字（2012）第 228720 号

千奇百怪的数

QIANQIBAIGUAI DE SHU

出 版 人　李文学
责任编辑　赵　凯
装帧设计　王　璿
开　　本　720mm×1000mm　1/16
印　　张　12
字　　数　140 千字
版　　次　2012 年 11 月第 1 版
印　　次　2021 年 3 月第 3 次印刷
印　　刷　汇昌印刷（天津）有限公司
出　　版　北方妇女儿童出版社
发　　行　北方妇女儿童出版社
地　　址　长春市福祉大路 5788 号
电　　话　总编办：0431–81629600

定　　价　23.80 元

前 言

数学，起源于用来计数的自然数的伟大发明。人类的祖先为了生存，往往几十人在一起，过着群居的生活。在长期的共同劳动和生活中，他们开始用简单的语言夹杂手势，来表达感情和交流思想。随着劳动内容的发展，他们的语言包含了算术的色彩，于是产生了"数"的朦胧概念。他们狩猎而归，猎物或有或无，于是有了"有"与"无"两个概念。后来，群居发展为部落。部落由一些成员很少的家庭组成。所谓"有"，就分为"一"、"二"、"三"、"多"等。

公元前 1500 年，南美洲秘鲁印加族习惯于"结绳记数"——每收进一捆庄稼，就在绳子上打个结，用结的多少来记录收成。"结"与痕有一样的作用，也是用来表示自然数的。根据我国古书《易经》的记载，上古时期的中国人也是"结绳而治"，就是用在绳上打结的办法来记事表数。后来又改为"书契"，即用刀在竹片或木头上刻痕记数。

而一切自然科学的基础——数学，顾名思义，是研究数的科学。数自然而然成为数学最原始的、最基本的研究对象。正如大数学家克洛耐克所言，"上帝创造了自然数，其他一切都是人造的"。文明开始于计数，而数又是世界通向繁荣进步之路。数的概念是人类经过成千上万年才获得的抽象概念。但是同是 1、2、3、4……不同的民族却有不同的称呼和记号，长期以来并没有统一的迹象。

因此，当你跨过国界，又不通晓当地语言文字时，其困难处境可想而知。在这种情况下，你所能认识的，你所能依靠的，你所能求助的，恐怕只有 10 个印度—阿拉伯数码 1、2、3、4、5、6、7、8、9、0，以及由它们组成的千千万万种数字和符号，这是世界上唯一通用的语言，尽管数字的读法仍然还不能统一，但是电话号码和地址上的数码却是一致的。

在我们走向信息社会的转折关头，数不仅是人和人交流的通用语言，而且更是人与机器交流的通用语言。至今计算机还很难懂得自然语言，你要让它工作，给它指令，那就必须运用它所能理解的机器语言，它也是由数字表示的一串符号，最后甚至转变成只有 0 和 1 的一串数列，机器的一切操作都是在它们的通用语言——数串指导下进行的。因此，把信息翻译成数码，是自动化的一个关键问题，信息社会的主要技术就是数字化。

借助于数字化，我们可以在计算机上实现各种自然界存在的和看不到的美丽的图形。当前热门的浑沌理论，其千奇百怪的图形大都是在屏幕上显示的，这就是数字显示，声音虽然可以借助电流直接传送，但是数字化之后，更精确更抗干扰，这就是数字通信。当用计算机自动控制切削工具或量体裁衣，数字化帮助你更精密地控制，这就是数字控制。

数是人和机器通用的语言，它不仅能够使大家相互理解，也使一切活动更为精密和准确，这就是数的威力。

各种数的含义与特点

各种数的关系与理论

数海采奇拾趣

数字中的谜团

世界难题求解之旅

各种数的含义与特点

　　人类祖先最开始创造的是自然数 1、2、3 等，随着生产生活的需要，人类对数的需求越来越多，名目也越来越复杂，一开始为熟悉的自然数及整数与被描述在算术内的自然数及整数的算术运算。当数系更进一步发展时，整数被承认为有理数的子集，而有理数则包含于实数中。实数则可以被进一步广义化成复数。

　　在数学发展的漫长历史中，各种数不断涌现：无理数、虚数、分数、函数、浮点数……同时也出现了许多奇妙有趣的数，比如亲和数、T 形数、圣经数、对答数、自守数……

实　数

　　实数可以用来测量连续的量。理论上，任何实数都可以用无限小数的方式表示，小数点的右边是一个无穷的数列（可以是循环的，也可以是非循环的）。在实际运用中，实数经常被近似成一个有限小数（保留小数点后 n 位，n 为正整数）。在计算机领域，由于计算机只能存储有限的小数位数，实数经常用浮点数来表示。

　　埃及人早在大约公元前 1000 年就开始运用分数了。在公元前 500 年左右，以毕达哥拉斯为首的希腊数学家们意识到了无理数存在的必要性。印度人于公元 600 年左右发明了负数，据说中国也曾发明负数，但稍晚于印度。

　　直到 17 世纪，实数才在欧洲被广泛接受。18 世纪，微积分学在实数的基础上发展起来。直到 1871 年，德国数学家康托第一次提出了实数的严格定义。数学上，实数直观地定义为和数轴上的点一一对应的数。本来实数仅称做数，后来引入了虚数概念，原本的数就被称做"实数"——意义是"实在的数"。

在日常生活中，人们不仅要对单个的对象计数，有时还需要度量各种量。为了满足度量的需要，就要用到分数，例如长度，就很少正好是单位长的整数倍。于是，定义有理数为两个整数的商 q/p（$p \neq 0$）。

有理数有下面这样一个简单的几何解释：在一条水平直线上标出不同的两个点 O 和 I，选定线段 OI 作为单位长。如果用 O 和 I 分别表示 0 和 1，则可以用这条直线上间隔为单位长的点的集合来表示正整数和负整数（正整数在 0 的右边，负整数在 0 的左边）。以 p 为分母的分数可以用每一单位间隔分成 p 等分的点表示。于是，每一个有理数都对应着直线上的一个点。

无理数指无限不循环的数，或不能表示为整数之比的实数。若将它写成小数形式，小数点之后的数字有无限多个，并且不会循环。常见的无理数有大部分的平方根、π 和 e（其中后两者同时为超越数）等。最先发现的无理数是 $\sqrt{2}$，它不像自然数与负数那样。在实际生活中遇到，它是在数学计算中被发现的。

远在公元前 500 年左右，古希腊毕达哥拉斯学派的成员认为："万物皆整数"，宇宙的一切现象都能归结为整数及整数的比。有一个名叫希帕索斯的学生发现正方形对角线与其一边之比不能用两个整数来表达。

这与毕达哥拉斯学派的信条有了矛盾。希帕索斯所用的归谬法成功地证明了它不能用整数及整数之比表示。而毕达哥拉斯学派的许多人都否定这个动摇他们观念的数的存在。这一发现，导致了数学史上的第一次"数学危机"。而希帕索斯本人因违背毕达哥拉斯学派的信念而被抛入大海。

第一次数学危机表明，几何学的某些真理与算术无关，几何量不能完全由整数及比来表示。反之，数却可以由几何量表示。因此古希腊的数学观念受到极大的冲击。从此以后，几何学开始在古希腊迅速发展。希腊人认识到，直觉和经验

希帕索斯

不一定靠得住，而可靠的只有推理论证。于是，他们开始从公理出发，经过演泽推理，建立了几何学体系。

微积分

微积分是高等数学中研究函数的微分、积分以及有关概念和应用的数学分支。它是数学的一个基础学科。内容主要包括极限、微分学、积分学及其应用。微分学包括求导数的运算，是一套关于变化率的理论。它使得函数、速度、加速度和曲线的斜率等均可用一套通用的符号进行讨论。积分学，包括求积分的运算，为定义和计算面积、体积等提供一套通用的方法。

17世纪下半叶，在前人工作的基础上，牛顿和莱布尼茨分别在自己的国度里独自研究和完成了微积分的创立工作，虽然这只是十分初步的工作。他们的最大功绩是把两个貌似毫不相关的问题联系在一起，一个是切线问题，一个是求积问题。

自然数

自然数是在人类的生产和生活实践中逐渐产生的。人类认识自然数的过程是相当长的。在远古时代，人类在捕鱼、狩猎和采集果实的劳动中产生了计数的需要。起初人们用手指、绳结、刻痕、石子或木棒等实物来计数。例如：表示捕获了 3 只羊，就伸出 3 个手指；用 5 个小石子表示捕捞了 5 条鱼；一些人外出捕猎，出去 1 天，家里的人就在绳子上打 1 个结，用绳结的个数来表示外出的天数。这样经过较长时间，随着生产和交换的不断增多以及语言的发展，渐渐地把数从具体事物中抽象出来，先有数目1，以后逐次加1，得到2，3，4……这样逐渐产生和形成了自然数。值得一提的是，长期以来认为 0 不是自然数，现行九年义务教材认为 0 是自然数。

虚 数

在数学里，将平方是负数的数定义为纯虚数。所有的虚数都是复数。这种数有一个专门的符号"i"（imaginary），它称为虚数单位。定义为 $i^2 = -1$。但是虚数是没有算术根这一说的，所以 $\pm\sqrt{(-1)} = \pm i$。对于 $z = a + bi$，也可以表示为 e 的 iA 次方的形式，其中 e 是常数，i 为虚数单位，A 为虚数的幅角，即可表示为 $z = \cos A + i\sin A$。实数和虚数组成的一对数在复数范围内看成一个数，起名为复数。虚数没有正负可言。不是实数的复数，即使是纯虚数，也不能比较大小。

要追溯虚数出现的轨迹，就要联系与它相对实数的出现过程。我们知道，实数是与虚数相对应的，它包括有理数和无理数，也就是说它是实实在在存在的数。

有理数出现得非常早，它是伴随人们的生产实践而产生的。

无理数的发现，应该归功于古希腊毕达哥拉斯学派。无理数的出现，与德谟克利特的"原子论"发生矛盾。根据这一理论，任何两个线段的比，不过是它们所含原子数目的比。而勾股定理却说明了存在着不可通约的线段。

不可通约线段的存在，使古希腊的数学家感到左右为难，因为他们的学说中只有整数和分数的概念，他们不能完全表示正方形对角线与边长的比，也就是说，在他们那里，正方形对角线与边长的比不能用任何"数"来表示。实际上他们已经发现了无理数这个问题，但是却又让它从自己的身边悄悄溜走了，甚至到了希腊最伟大的代数学家丢番图那里，方程的无理数解仍然被称为是"不可能的"。

"虚数"这个名词是 17 世纪著名数学家、哲学家笛卡儿创制的，因为当时的观念认为这是确实不存在的数字。后来发现虚数可对应平面上的纵轴，与对应平面上横轴的实数同样真实。

人们发现即使使用全部的有理数和无理数，也不能解决全部代数方程的求解问题。像 $x^2 + 1 = 0$ 这样最简单的二次方程，在实数范围内没有解。12 世纪的印度大数学家婆什伽罗都认为这个方程是没有解的。他认为正数的平方是正数，负数的平方也是正数，因此，一个正数的平方根是两重的；

一个正数和一个负数，负数没有平方根，因此负数不是平方数。这等于不承认方程的负数平方根的存在。

到了 16 世纪，意大利数学家卡尔达诺在其著作《大术》（《数学大典》）中，把记为 1545R15－15m 这是最早的虚数记号。但他认为这仅仅是个形式表示而已。1637 年法国数学家笛卡儿，在其《几何学》中第一次给出"虚数"的名称，并和"实数"相对应。

1545 年意大利米兰的卡尔达诺发表了文艺复兴时期最重要的一部代数学著作，提出了一种求解一般三次方程的求解公式：

笛卡儿

形如：$x^3+ax+b=0$ 的三次方程解如下：$x=\{(-b/2)+[(b^2)/4+(a^3)/27]^{(1/2)}\}^{(1/3)}+\{(-b/2)-[(b^2)/4+(a^3)/27]^{(1/2)}\}^{(1/3)}$

当卡尔达诺试图用该公式解方程 $x^3-15x-4=0$ 时他的解是：$x=[2+(-121)^{(1/2)}]^{(1/3)}+[2-(-121)^{(1/2)}]^{(1/3)}$

在那个年代负数本身就是令人怀疑的，负数的平方根就更加荒谬了。因此卡尔达诺的公式给出 $x=(2+j)+(2-j)=4$。容易证明 $x=4$ 确实是原方程的根，但卡尔达诺不曾热心解释 $(-121)^{(1/2)}$ 的出现。认为是"不可捉摸而无用的东西"。

直到 19 世纪初，高斯系统地使用了 i 这个符号，并主张用数偶（a、b）来表示 $a+bi$，称为复数，虚数才逐步得以通行。

由于虚数闯进数的领域时，人们对它的实际用处一无所知，在实际生活中似乎没有用复数来表达的量，因此在很长一段时间里，人们对它产生过种种怀疑和误解。笛卡儿称"虚数"的本意就是指它是虚假的；莱布尼茨则认为："虚数是美妙而奇异的神灵隐蔽所，它几乎是既存在又不存在的两栖物"。欧拉尽管在许多地方用了虚数，但又说："一切形如，$\sqrt{-1}$，$\sqrt{-2}$ 的数学式子都是不可能有的，是想像的数，因为它们所表示的是负数的平方根。对于这类数，我们只能断言，它们既不是什么都不是，也不比什么都不是多些什么，更不比什么都不是少些什么，它们纯属虚幻"。

继欧拉之后，挪威测量学家维塞尔提出把复数（$a+bi$）用平面上的点来表示。后来高斯又提出了复平面的概念，终于使复数有了立足之地，也为复数的应用开辟了道路。现在，复数一般用来表示向量（有方向的量），这在水利学、地图学、航空学中的应用十分广泛，虚数越来越显示出其丰富的内容。

浮点数

浮点数是属于有理数中某特定子集的数的数字表示，在计算机中用以近似表示任意某个实数。具体地说，这个实数由一个整数或定点数（即尾数）乘以某个基数（计算机中通常是2）的整数次幂得到，这种表示方法类似于基数为10的科学记数法。

浮点数参与的运算，称为浮点计算，这种运算通常伴随着因为无法精确表示而进行的近似或舍入。

一个浮点数 a 由两个数 m 和 e 来表示：$a = m \times b^e$。在任意一个这样的系统中，我们选择一个基数 b（记数系统的基）和精度 p（即使用多少位来存储）。m（即尾数）是形如 $\pm d.ddd\cdots ddd$ 的 p 位数（每一位是一个介于0到 $b-1$ 之间的整数，包括0和 $b-1$）。如果 m 的第一位是非0整数，m 称做规格化的。有一些描述使用一个单独的符号位（s 代表＋或者－）来表示正负，这样 m 必须是正的。e 是指数。

亲和数

亲和数又叫友好数，它指的是这样的两个自然数，其中每个数的真因子和等于另一个数。毕达哥拉斯是公元前6世纪的古希腊数学家。据说曾有人问他："朋友是什么？"他回答："就是第二个我，正如220与284。"为什么他把朋友比喻成两个数字呢？原来220的真因子是1、2、4、5、10、

11、20、22、44、55和110，加起来得284；而284的真因子的1、2、4、71、142，加起来恰好是220。284和220就是友好数。它们是人类最早发现的又是所有友好数中最小的一对。

第二对亲和数（17296，18416）是在两千多年后的1636年才发现的。之后，人类不断发现新的亲和数。1747年，欧拉已知道30对。1750年又增加到50对。到现在科学家已经发现了900对以上这样的亲和数。令人惊讶的是，第二对最小的友好数（1184，1210）直到19世纪后期才被一个16岁的意大利男孩儿发现。

人们还研究了亲和数链：这是一个连串自然数，其中每一个数的真因子之和都等于下一个数，最后一个数的真因子之和等于第一个数。如12496，14288，15472，14536，14264。有一个这样的链竟然包含了28个数。

素　数

素数是只能被1和它本身整除的自然数，如2、3、5、7、11等等，也称为质数。如果一个自然数不仅能被1和它本身整除，还能被别的自然数整除，就叫合数。1既不是素数，也不是合数。全体自然数可以分为三类：1、素数、合数。而每个合数都可以表示成一些素数的乘积，因此素数可以说是构成整个自然数大厦的砖瓦。

许多素数具有迷人的形式和性质。例如：

逆素数：顺着读与逆着读都是素数的数。如1949与9491，3011与1103，1453与3541等。无重逆素数，是数字都不重复的逆素数。如13与31，17与71，37与73，79与97，107与701等。

循环下降素数与循环上升素数：按1～9这9个数码反序或正序相连而成的素数（9和1相接）。如：43，1987，76543，23，23456789，1234567891。现在找到最大一个是28位的数：1234567891234567891234567891。

由一些特殊的数码组成的数：如31，331，3331，33331，333331以及3333331，33333331都是素数，但下一个333333331＝17×19607843却是一个合数。

素数研究是数论中最古老、也是最基本的部分，其中集中了看上去极简单，却几十年甚至几百年都难以解决的大量问题。

在小学的算术里，我们知道：能被 2 整除的数叫做偶数，通常也叫做双数；不能被 2 整除的数叫做奇数，通常也叫做单数。0 是奇数，还是偶数呢？在那个时候，我们讨论奇偶数，一般是指自然数范围以内的。0 不是自然数，所以没有谈。那么这个问题能不能研究呢？我们的回答是：能够研究，而且应该研究。不但应该研究在算术里学过的这个唯一的不是自然数的整数 0，而且在中学学过代数以后，也还应该把奇偶数的概念扩大到负整数。判断的标准也很简单，凡是能被 2 整除的是偶数，不能被 2 整除的是奇数。所谓整除就是说商数应该是整数，而且没有余数。显然，因为 0 与除以任何数商数是整数 0，所以 0 是偶数。同样，在整数里，-2、-4、-6、-8、-10、-360、-2578 等等，都是偶数；而 -1、-3、-5、-7、-249、-1683 等等，都是奇数。

质数的个数是无穷的。最经典的证明由欧几里得在他的《几何原本》中就有记载。它使用了现在证明常用的方法：反证法。具体的证明如下：假设质数只有有限的 n 个，从小到大依次排列为 p_1，p_2，…，p_n，设 $x=(p_1 \cdot p_2 \cdot \dots \cdot p_n)+1$，如果 x 是合数，那么它被从 p_1，p_2，…，p_n 中的任何一个质数整除都会余 1，那么能够整除 x 的质数一定是大于 p_n 的质数，和 p_n 是最大的质数前提矛盾，而如果说 x 是质数，因为 $x>p_n$，仍然和 p_n 是最大的质数前提矛盾。因此说如果质数是有限个，那么一定可以证明存在另一个更大的质数在原来假设的质数范围之外，所以说质数的个数无限。

被称为"17 世纪最伟大的法国数学家"的费马，也研究过质数的性质。他发现，设 $F_n=2^{(2^n)}+1$，则当 n 分别等于 0、1、2、3、4 时，F_n 分别给出 3、5、17、257、65537，都是质数，由于 F_5 太大（$F_5=4294967297$），他没有再往下检测就直接猜测：对于一切自然数，F_n 都是质数。这便是费马数。但是，就是在 F_5 上出了问题！费马死后 67 年，25 岁的瑞士数学家欧拉证明：

$$F_5=4294967297=641\times6700417，它并非质数，而是一个合数！$$

更加有趣的是，以后的 F_n 值，数学家再也没有找到哪个 F_n 值是质数，全部都是合数。目前由于平方开得较大，因而能够证明的也很少。现在数学家们取得 F_n 的最大值为：$n=1495$。这可是个超级天文数字，其位数多达 10^{10584} 位，当然它尽管非常之大，但也不是个质数。

 **知识点**

欧几里得

欧几里得（约前330～前275），古希腊数学家，被称为"几何之父"。他活跃于托勒密一世（前323～前283）时期的亚历山大里亚，他最著名的著作《几何原本》是欧洲数学的基础。《几何原本》是一部集前人思想和欧几里得个人创造性于一体的不朽之作。传到今天的欧几里得著作并不多，然而我们却可以从这部书详细的写作笔调中，看出他真实的思想底蕴。全书共分13卷。书中包含了5条公理、5条公设、23个定义和467个命题。在每一卷内容当中，欧几里得都采用了与前人完全不同的叙述方式，即先提出公理、公设和定义，然后再由简到繁地证明它们。

 **延伸阅读**

阿列夫3

阿列夫原是一个希伯来字母，它的写法很特殊，有时候就近似地写为 S\S，当我们在考虑无穷大数时就用希伯来字母（或用 S\S）来表示。这比用∞（通常以此表示无穷大）来表示有更大的好处，因为∞无法分出无穷大的级别，而 S\S 可以分出无穷大的级别。

无穷大也有级别之分，小的无穷大遇到大的无穷大，真好比是"小巫见大巫"。

我们用 $S\backslash S_0$ 表示最小的无限集合，这里面包含有所有自然数的数目，所有整数的数目，所有分数的数目；又用 $S\backslash S_1$ 表示稍为高一级的无限集合，那就是所有实数的数目，所有虚数的数目，所有复数的数目，所有四元数的数目；再用 $S\backslash S_2$ 表示我们尚未介绍的另一类的无限集合，那就是所有几何曲线的数目。因为每条几何曲线都是在空间中的，而且不同的几何曲线都有不同的规律，因此这千变万化的几何曲线的数目的总和就必然是高一级的无限集合，记作 $S\backslash S_2$。既然有阿列夫0（$S\backslash S_0$）、阿列夫1（$S\backslash S_1$）和阿列夫 2（S\S₂），会不会还有阿列夫 3（S\S₃）、阿列夫 4（S\S₄）等等？

到目前为止，还没有人想得出（当然更没有发现）一种能用 S\S₃（即阿列夫 3）来表示的无穷大数。当然，阿列夫 4、阿列夫 5 更高级的无穷大数就更渺茫了。或许这与人类对大自然的认识程度有关。

形　数

毕达哥拉斯很有数学天赋，他不仅知道把数划分为奇数、偶数、质数、合数；还把自然数分成了亲和数、亏数、完全数等等。他分类的方法很奇特。其中，最有趣的是"形数"。

什么是形数呢？毕达哥拉斯研究数的概念时，喜欢把数描绘成沙滩上的小石子，小石子能够摆成不同的几何图形，于是就产生一系列的形数。

毕达哥拉斯

毕达哥拉斯发现，当小石子的数目是 1、3、6、10 等数时，小石子都能摆成正三角形，他把这些数叫做三角形数；当小石子的数目是 1、4、9、16 等数时，小石子都能摆成正方形，他把这些数叫做正方形数；当小石子的数目是 1、5、12、22 等数时，小石子都能摆成正五边形，他把这些数叫做五边形数……

这样一来，抽象的自然数就有了生动的形象，寻找它们之间的规律也就容易多了。不难看出，头四个三角形数都是一些连续自然数的和。3 是第二个三角形数，它等于 1+2；6 是第三个三角形数，它等于 1+2+3；10 是第四个三角形数，它等于 1+2+3+4。

看到这里，人们很自然地就会生发出一个猜想：第五个三角形数应该等于 1+2+3+4+5，第六个三角形数应该等于 1+2+3+4+5+6，第七个三角形数应该等于……

这个猜想对不对呢？

由于自然数有了"形状"，验证这个猜想费不了什么事。只要拿 15 个或者21个小石子出来摆一下，很快就会发现：它们都能摆成正三角形，都是三角形数，而且正好就是第五个和第六个三角形数。

就这样，毕达哥拉斯借助生动的几何直观图形，很快发现了自然数的一个规律：连续自然数的和都是三角形数。如果用字母 n 表示最后一个加数，那么 $1+2+\cdots+n$ 的和也是一个三角形数，而且正好就是第 n 个三角形数。

毕达哥拉斯还发现，第 n 个正方形数等于 n^2，第 n 个五边形数等于 $n(3n-1)/2$……根据这些规律，人们就可以写出很多很多的形数。

不过，毕达哥拉斯并不因此而满足。譬如三角形数，需要一个数一个数地相加，才能算出一个新的三角形数，毕达哥拉斯认为这太麻烦了，于是着手去寻找一种简捷的计算方法。经过深入探索自然数的内在规律，他又发现，

$$1+2+\cdots+n=\frac{1}{2}\times n\times(n+1)$$

这是一个重要的数学公式，有了它，计算连续自然数的和可就方便多了。例如，要计算一堆垒成三角形的电线杆数目，用不着一一去数，只要知道它有多少层就行了。如果它有7层，只要用7代替公式中的 n，就能算出这堆电线杆的数目。

就这样，毕达哥拉斯还发现了许多有趣的数学定理。而且。这些定理都能以纯几何的方法来证明。

毕达哥拉斯

毕达哥拉斯（前572～前497），古希腊数学家、哲学家。他以发现勾股定理（西方称毕达哥拉斯定理）著称于世。他对数论做了许多研究，将自然数区分为奇数、偶数、素数、完全数、平方数、三角数和五角数等。在毕达哥拉斯派看来，数为宇宙提供了一个概念模型，数量和形状决定一切自然物体的形式，数不但有量的多寡，而且也具有几何形状。在这个意义上，他们把数理解为自然物体的形式和形象，是一切事物的总根源。毕达哥拉斯和他的学派在数学上有很多创造，尤其对整数的变化规律感兴趣。例如，把（除其本身以外）全部因数之和等于本身的数称为完全数，而将本身小于其因数之和的数称为盈数；将大于其因数之和的数称为亏数。

千奇百怪的 数

数的艺术

毕达哥拉斯学派认为"1"是数的第一原则，万物之母，也是智慧；"2"是对立和否定的原则，是意见；"3"是万物的形体和形式；"4"是正义，是宇宙创造者的象征；"5"是奇数和偶数，雄性与雌性的结合，也是婚姻；"6"是神的生命，是灵魂；"7"是机会；"8"是和谐，也是爱情和友谊；"9"是理性和强大；"10"包容了一切数目，是完满和美好。

该派认为由太阳、月亮、星辰的轨道和地球的距离之比，分别等于三种主要的和音，即八音度、五音度、四音度。

该派认为从数量上看，夏天是热占优势，冬天是冷占优势，春天是干占优势，秋天是湿占优势，最美好的季节则是冷、热、干、湿等元素在数量上和谐的均衡分布。

该派从数学的角度，即数量上的矛盾关系列举出有限与无限、一与多、奇数与偶数、正方与长方、善与恶、明与暗、直与曲、左与右、阳与阴、动与静等十对对立的范畴。

分　数

在拉丁文里，分数一词源于 frangere，是打破、断裂的意思，因此分数也曾被人叫做是"破碎数"。

在数的历史上，分数几乎与自然数同样古老，在各个民族最古老的文献里，都能找到有关分数的记载。然而，分数在数学中传播并获得自己的地位，却用了几千年的时间。

在欧洲，这些"破碎数"曾经令人谈虎色变，视为畏途。7世纪时，有个数学家算出了一道8个分数相加的习题，竟被认为是干了一件了不起的大事情。在很长的一段时间里，欧洲数学家在编写算术课本时，不得不把分数的运算法则单独叙述，因为许多学生遇到分数后，就会心灰意懒，不愿意继续学习数学了。直到17世纪，欧洲的许多学校还不得不派最好的教师去讲授分数知识。

一些古希腊数学家干脆不承认分数，把分数叫做"整数的比"。

古埃及人更奇特。他们表示分数时，一般是在自然数上面加一个小圆点。在 5 上面加一个小圆点，表示这个数是 1/5；在 7 上面加一个小圆点，表示这个数是 1/7。那么，要表示分数 2/7 怎么办呢？古埃及人把 1/4 和 1/28 摆在一起，说这就是 2/7。

1/4 和 1/28 怎么能够表示 2/7 呢？原来，古埃及人只使用单分子分数。也就是说，他们只使用分子为 1 的那些分数，遇到其他的分数，都得拆成单分子分数的和。1/4 和 1/28 都是单分子分数，它们的和正好是 2/7，于是就用来表示 2/7。那时还没有加号，相加的意思要由上下文显示出来，看上去就像把1/4和1/28摆在一起表示了分数2/7。

由于有了这种奇特的规定，古埃及的分数运算显得特别烦琐。例如，要计算 5/7 与 5/21 的和，首先得把这两个分数都拆成单分子分数：

$$\frac{5}{7} + \frac{5}{21} = \left(\frac{1}{2} + \frac{1}{7} + \frac{1}{14}\right) + \left(\frac{1}{7} + \frac{1}{14} + \frac{1}{42}\right)$$

然后再把分母相同的分数加起来：

$$\frac{1}{2} + \frac{2}{7} + \frac{2}{14} + \frac{1}{42}$$

由于算式中出现了一般分数，接下来又得把它们拆成单分子分数：

$$\frac{1}{2} + \frac{1}{4} + \frac{1}{7} + \frac{1}{28} + \frac{1}{42}$$

这样一道简单的分数加法题，古埃及人算起来都这么费事，如果遇上复杂的分数运算，可以想像他们算起来又该是何等的吃力。

在西方，分数理论的发展出奇地缓慢，直到 16 世纪，西方的数学家们才对分数有了比较系统的认识。甚至到了 17 世纪，数学家在计算 $\frac{3}{5} + \frac{7}{8} + \frac{9}{10} + \frac{12}{20}$ 时，还用分母的乘积 8000 作为公分母！

而这些知识，我国数学家在两千多年前就都知道了。

刘　徽

我国现在尚能见到最早的一部数学著作，刻在汉朝初期的一批竹简上，名为《算数书》。它是1984年初在湖北江陵出土的。在这本书里，已经对分数运算做了深入的研究。

稍晚些时候，在我国古代数学名著《九章算术》里，已经在世界上首次系统地研究了分数。书中将分数的加法叫做"合分"，减法叫做"减分"，乘法叫做"乘分"，除法叫做"经分"，并结合大量例题，详细介绍了它们的运算法则，以及分数的通分、约分、化带分数为假分数的方法和步骤。尤其令人自豪的是，我国古代数学家发明的这些方法和步骤，已与现代的方法和步骤大体相同了。

公元263年，我国数学家刘徽注释《九章算术》时，又补充了一条法则：分数除法就是将除数的分子、分母颠倒与被除数相乘。而欧洲直到1489年，才由维特曼提出相似的法则，已比刘徽晚了1200多年！

前苏联数学史专家鲍尔加尔斯基公正地评价说："从这个简短的论述中可以得出结论：在人类文化发展的初期，中国的数学远远领先于世界其他各国。"

 知识点

古埃及

古埃及是四大文明古国之一，典型的水力帝国。受宗教影响极大，举世闻名的金字塔就是古埃及人对永恒观念的一种崇拜产物，也是法老王的陵墓。除了金字塔以外，狮身人面像、木乃伊也是埃及的象征。古埃及位于非洲东北部（今中东地区），起初在尼罗河流域，直到国力强盛时候，才达到目前的埃及领土。纵贯埃及全境的尼罗河，由发源于非洲中部的白尼罗河和发源于苏丹的青尼罗河汇合而成。流经森林和草原地带的尼罗河，每年7月至11月定期泛滥，浸灌了两岸干旱的土地；含有大量矿物质和腐植质的泥沙随流而下，也在两岸逐渐沉积下来，成为肥沃的黑色土壤。古希腊历史学家希罗多德说"埃及是尼罗河的赠礼"。

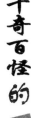

千奇百怪的 数

延伸阅读

T 形数

在我们科学技术如此发达的今天，大数已经不足为奇了。比如，美国的预算大约是每年 100000000000 美元（一千亿美元）左右，也就是一万亿银角子。一旦我们在脑海中建立了一万亿是多大的数目，那么我们只要略加想像就能知道一万亿个一万亿是怎样一个数目，一万亿个一万亿个一万亿是怎样一个数目。为了使在说这些数的时候不致结结巴巴，让我们设一万亿为 T—1，一万亿个一万亿为 T—2，用这个办法构成一些大数——T 形数。

这样一来，根本用不到 T—2 就早已把美国财政方面的应用全部包括进去了。

再看看 T 形数在其他方面的应用。在物理学中，质子和中子统称为核子。T—1 个核子所构成的是质量极小的，即使用最好的光学显微镜也远远看不到的物质。而 T—2 个核子也只能构成 1 克重的物质。由于 T—3 是 T—2 的一万亿倍，故 T—3 个核子就能构成 1.67 万亿克的物质，或者略少于 200 万吨。事实上，T 形数的增加速度让我们吃惊。T—4 个核子相当于地球上所有海洋的质量，T—5 个核子相当于一千个太阳系的质量。如果继续增加下去，T—6 个核子就相当于一万个银河系大小的质量，T—7 个核子的质量要远远地、远远地超过整个宇宙的质量。

函 数

17 世纪伽俐略在《两门新科学》一书中，几乎全部包含函数或称为变量关系的这一概念，用文字和比例的语言表达函数的关系。1673 年前后笛卡儿在他的解析几何中，已注意到一个变量对另一个变量的依赖关系，但因当时尚未意识到要提炼函数概念，因此直到 17 世纪后期牛顿、莱布尼茨建立微积分时还没有人明确函数的一般意义，大部分函数是被当做曲线来研究的。

1673 年，莱布尼茨首次使用"function"（函数）表示"幂"，后来他用该词表示曲线上点的横坐标、纵坐标、切线长等曲线上点的有关几何量。与此同时，牛顿在微积分的讨论中，使用"流量"来表示变量间的关系。

1718 年约翰·柏努利在莱布尼茨函数概念的基础上对函数概念进行了定义："由任一变量和常数的任一形式所构成的量。"他的意思是凡变量 x 和常量构成的式子都叫做 x 的函数，并强调函数要用公式来表示。

1755 年，欧拉把函数定义为"如果某些变量，以某一种方式依赖于另一些变量，即当后面这些变量变化时，前面这些变量也随着变化，我们把前面的变量称为后面变量的函数"。他把约翰·柏努利给出的函数定义为解析函数，并进一步把它区分为代数函数和超越函数，还考虑了"随意函数"。

莱布尼茨

数"。不难看出，欧拉给出的函数定义比约翰·柏努利的定义更普遍、更具有广泛意义。

1821 年，柯西从定义变量起给出了定义："在某些变数间存在着一定的关系，当一经给定其中某一变数的值，其他变数的值可随着而确定时，则将最初的变数叫自变量，其他各变数叫做函数"。在柯西的定义中，首先出现了自变量一词，同时指出对函数来说不一定要有解析表达式。不过他仍然认为函数关系可以用多个解析式来表示，这是一个很大的局限。

1822 年傅立叶发现某些函数可以用曲线表示，也可以用一个式子表示，或用多个式子表示，从而结束了函数概念是否以唯一一个式子表示的争论，把对函数的认识又推进了一个新层次。

1837 年狄利克雷突破了这一局限，认为怎样去建立 x 与 y 之间的关系无关紧要，他拓广了函数概念，指出："对于在某区间上的每一个确定的 x 值，y 都有一个确定的值，那么 y 叫做 x 的函数"。这个定义避免了函数定义中对依赖关系的描述，以清晰的方式被所有数学家接受。这就是人们常说的经典函数定义。

等到康托创立的集合论在数学中占有重要地位之后，维布伦用"集合"和"对应"的概念给出了近代函数定义，通过集合概念把函数的对应关系、定义域及值域进一步具体化了，且打破了"变量是数"的极限，变量可以是数，也可以是其他对象。

1914年豪斯道夫在《集合论纲要》中用不明确的概念"序偶"来定义函数，其避开了意义不明确的"变量"、"对应"概念。库拉托夫斯基于1921年用集合概念来定义"序偶"，便使豪斯道夫的定义很严谨了。

　　1930年新的现代函数定义为"若对集合 M 的任意元素 x，总有集合 N 确定的元素 y 与之对应，则称在集合 M 上定义一个函数，记为 $y=f(x)$。元素 x 称为自变元，元素 y 称为因变元"。

莱布尼茨

　　莱布尼茨（1646～1716），德国最重要的自然科学家、数学家、物理学家、历史学家和哲学家，一位举世罕见的科学天才。他的研究成果还遍及力学、逻辑学、化学、地理学、解剖学、动物学、植物学、气体学、航海学、地质学、语言学、法学、哲学、历史、外交等等，"世界上没有两片完全相同的树叶"就是出自他之口，他还是最早研究中国文化和中国哲学的德国人，对丰富人类的科学知识宝库作出了不可磨灭的贡献。然而，由于他创建了微积分，并精心设计了非常巧妙简洁的微积分符号，从而使他以伟大的数学家的称号闻名于世。

莱布尼茨在计算机上的贡献

　　1673年莱布尼茨制造了一个能进行加、减、乘、除及开方运算的计算机。这是继帕斯卡加法机后，计算工具的又一进步。莱布尼茨发明的机器叫"乘法器"，约1米长，内部安装了一系列齿轮机构，除了体积较大之外，基本原理继承于帕斯卡。不过，莱布尼茨为计算机增添了一种名叫"步进轮"的装置。步进轮是一个有9个齿的长圆柱体，9个齿依次分布于圆柱表面；旁边另有一个小齿轮可以沿着轴向移动，以便逐次与步进轮啮合。它就能够连续重复地做加减法，在转动手柄的过程中，使这种重复加减转变为乘除运算。

莱布尼茨对计算机的贡献不仅在于乘法器，公元 1700 年左右，莱布尼茨从一位友人送给他的中国"易图"（八卦）里受到启发，最终悟出了二进制数之真谛。虽然莱布尼茨的乘法器仍然采用十进制，但他率先为计算机的设计，系统提出了二进制的运算法则，为计算机的现代发展奠定了坚实的基础。

圆周率

早在两千多年前，被誉为"数学之神"的古希腊数学、力学家阿基米德是第一个用科学方法度量圆周长的学者，他得出圆周长与直径之比（圆周率）为 3.14。

我国杰出数学家刘徽（公元 3 世纪）在孩提时代就对圆月寄托了特殊的感情，他如痴如醉地寻求"圆"的奥妙，终于从古书《周髀算经》（约公元前 1 世纪）"圆出于方"与"周三径一"等受到启发，提出震惊古今的"割圆术"（即圆内接正多边形，当边数逐次倍增逼近圆的原理，证明了圆面积的方法），附带算出圆周率的近似值为 3.1416，被后人誉为"徽率"。

祖冲之（纪念银币）

南北朝伟大科学家祖冲之（429～500）认为"徽率还不够精密，有必要进一步去探求更佳值"。他不辞辛苦，摆弄古老的算筹，成百上千次的运算终于求出圆周率在 3.1415926 与 3.1415927 之间的 8 位可靠数字。这不但在当时是最精密的圆周率，而且保持世界记录达 900 多年之久！日本已故数学史家三上义夫（1875～1950）在《中国数学史》一书中建议把 $\frac{355}{113}$ 叫做"祖率"以示纪念。近似地表示圆周率，这是 π 数学史上不凡的贡献。

计算圆周率吸引了古今一大批数学家。1950 年舍普勒集中中外计算圆周率的方法和成果，编成《π 的年表》一书，列举了 120 条自远古到 1949 年有关计算 π 值的历史。

公元 1873 年，英国数学家尚克斯（1812～1882）曾利用 $\frac{\pi}{4} = 12\text{arctg}\frac{1}{38} + 20\text{arctg}\frac{1}{57} + 7\text{arctg}\frac{1}{239} + 24\text{arcg}\frac{1}{268}$ 等公式，将 π 算到小数点后 707 位。

这类可歌可泣长达三四千年接力赛式的求 π 值的"马拉松计算"，至今没完没了。1984 年日本数学家金田康正利用超级计算机花费 13 分钟，把 π 值的有效数字计算到 1 亿大关，后来他又再接再厉，先后计算出 π 的 2 亿位数值和 5 亿位数值，这是一项枯燥的工作，但他为了登上最高记录的殿堂，食不饱腹，夜不归家。可惜，知识是一匹无私的骏马，谁能驾驭它，它就属于谁。1989 年，美国哥伦比亚大学的格里高里与戴维·查德诺夫斯基兄弟俩利用最先进的计算公式和程序设计，将 π 值计算到 10.1 亿位。1995 年 10 月，日本金田康正计算 π 值到小数点后 64.4 亿位，成为当时的最新记录。

圆周率这个数是无穷的，但它究竟是一个什么数？16 世纪以前，人们绞尽脑汁，越算越没个完，直到 16 世纪中叶韦达用数学方法证明了 π 是一个无理数，后来在 1761 年，法国数学家达朗贝尔（1717～1783），兰伯特在 1767（又说 1761 年）从另外角度也证明了 π 是无理数。

1882 年，德国数学家林德曼（1852～1939）不仅证明了 π 是一个无理数，而且还是一个超越数。于是，几千年来对 π 的认识历史至此划上一个句号。

知识点

阿基米德

阿基米德（前 287～前 212），古希腊哲学家、数学家、物理学家。享有"数学之神"、"力学之父"之誉。约在 9 岁时，他到埃及的亚历山大城念书。亚历山大城是当时世界的知识、文化中心，学者云集，举凡文学、数学、天文学、医学的研究都很发达，阿基米德在这里跟随许多著名的数学家学习，包括几何之父欧几里德。在数学方面，他利用"逼近法"算出球面积、球体积、抛物线、椭圆面积，后世的数学家依据这样的"逼近法"加以发展成近代的"微积分"。他更研究出螺旋形曲线的性质，现今的"阿基米德螺线"，就是为纪念他而命名的。另外他在《恒河沙数》一书中，创造了一套记大数的方法，简化了记数的方式。

音乐数

弹三弦或拉二胡总是要手指在琴弦上有规律地上下移动，才能发出美妙的声音来。假如手指胡乱地移动，便弹不成曲调了。那么，手指在琴弦上移动对发声有什么作用呢？原来声音是否悦耳动听，与琴弦的长短有关。长度不同，发出的声音也不同。手指的上下移动，不断地改变琴弦的长度，发出的声音便高低起伏，抑扬顿挫。

如果是三根弦同时发音，只有当它们的长度比是 3∶4∶6 时，发出的声音才最和谐、最优美。后来，人们便把奇妙的数 3、4、6 叫做"音乐数"。值得注意的是，4 与 6 之比接近 0.618。所以，古时候人们把音乐也作为数学课程的一部分进行教学。

完全数

自然数 6 是个非常"完善"的数，与它的因数之间有一种奇妙的联系。6 的因数共有 4 个：1、2、3、6，除了 6 自身这个因数以外，其他的 3 个都是它的真因数。数学家们发现：把 6 的所有真因数都加起来，正好等于自然数 6 本身！

数学上，具有这种性质的自然数叫做完全数。例如，28 也是一个完全数，它的真因数有 1、2、4、7、14，而 1＋2＋4＋7＋14 正好等于 28。

在自然数里，完全数非常稀少，用沧海一粟来形容也不算太夸张。有人统计过，在 10000～40000000 这么大的范围里，已被发现的完全数也不过寥寥 5 个；另外，直到 1952 年，在两千多年的时间里，已被发现的完全数总共才有 12 个。

并不是数学家不重视完全数，实际上，在非常遥远的古代，他们就开始探索寻找完全数的方法了。公元前 3 世纪，古希腊著名数学家欧几里得甚至发现了一个计算完全数的公式：如果 2^n-1 是一个质数，那么，由公式 $N=2^{n-1}\times(2^n-1)$ 算出的数一定是一个完全数。例如，当 $n=2$ 时，$2^2-1=3$ 是一个质数，于是 $N_2=2^{2-1}\times(2^2-1)=2\times3=6$ 是一个完全数；当 $n=3$ 时， $N_3=28$ 是一个完全数；当 $n=5$ 时， $N_5=496$ 也是一个完全数。

18 世纪时，大数学家欧拉又从理论上证明：每一个偶完全数必定是由这种公式算出的。

尽管如此，寻找完全数的工作仍然非常艰巨。不难想像，用笔算出这个完全数该是多么困难。

直到 20 世纪中叶，随着电子计算机的问世，寻找完全数的工作才取得了较大的进展。1952 年，数学家凭借计算机的高速运算，一下子发现了 5 个完全数，它们分别对应于欧几里得公式中 $n=521$ 、607、1279、2203 和 2281 时的答案。以后数学家们又陆续发现：当 $n=3217$ 、4253、4423、9689、9941、11213、和 19937 时，由欧几里得公式算出的答案也是完全数。

欧 拉

到 1985 年，人们在无穷无尽的自然数里，总共找出了 30 个完全数。

在欧几里得公式里，只要 2^n-1 是质数， $2^{n-1}\times(2^n-1)$ 就一定是完全数。所以，寻找新的完全数与寻找新的质数密切相关。

1979 年，当人们知道 $2^{44497}-1$ 是一个新的质数时，随之也就知道了 $2^{44496}\times(2^{44497}-1)$ 是一个新的完全数；1985 年，人们知道 $2^{216091}-1$ 是一个更大的质数时，也就知道了 $2^{216090}\times(2^{216091}-1)$ 是一个更大的完全数。它是迄今所知最大的一个完全数。

这是一个非常大的数，大到很难在书中将它原原本本地写出来。有趣的是，虽然很少有人知道这个数的最后一个数字是多少，却知道它一定是一个偶数，因为，由欧几里得公式算出的完全数都是偶数！

那么，奇数中有没有完全数呢？

曾经有人验证过位数少于 36 位的所有自然数，始终也没有发现奇完全数的踪迹。不过，在比这还大的自然数里，奇完全数是否存在，可就谁也说不准了。说起来，这还是一个尚未解决的著名数学难题。

千奇百怪的 **数**

欧 拉

欧拉（1707～1783），瑞士人，人类历史上堪与牛顿、高斯并提的伟大数学家。欧拉是有史以来遗产最多的数学家，他的全集共计 75 卷。在他生命的最后 7 年中，欧拉的双目完全失明，尽管如此，他还是以惊人的速度"口述"出了生平一半的著作。

在数学方面他对微积分的两个领域——微分方程和无穷级数——特别感兴趣。他在这两方面作出了非常重要的贡献。他对变分学和复数学的贡献为后来所取得的一切成就奠定了基础。这两个学科除了对纯数学有重要的意义外，还在科学工作中有着广泛的应用。欧拉公式 $e^{i\theta}=\cos\theta+i\sin\theta$ 表明了三角函数和虚数之间的关系，可以用来求负数的对数，是所有数学领域中应用最广泛的公式之一。欧拉也是数学的一个分支拓扑学领域的先驱，拓扑学在 20 世纪已经变得非常重要。欧拉对目前使用的数学符号制作出了重要的贡献。例如，常用的希腊字母 π 代表圆周率就是他提出来的。

圣经数

153 被称做"圣经数"。

这个美妙的名称出自圣经《新约全书》约翰福音第 21 章。其中写道：耶稣对他们说："把刚才打的鱼拿几条来。"西门·彼得就去把网拉到岸上。那网网满了大鱼，共一百五十三条；鱼虽这样多，网却没有破。

奇妙的是，153 具有一些有趣的性质。153 是 1～17 连续自然数的和，即：

$1+2+3+\cdots+17=153$

任写一个 3 的倍数的数，把各位数字的立方相加，得出和，再把和的各位数字立方后相加，如此反复进行，最后则必然出现圣经数。

例如：24 是 3 的倍数，按照上述规则，进行变换的过程是：

$24 \rightarrow 2^3 + 4^3 \rightarrow 72 \rightarrow 7^3 + 2^3 \rightarrow 351 \rightarrow 3^3 + 5^3 + 1^3 \rightarrow 153$

圣经数出现了！

再如：123 是 3 的倍数，变换过程是：

$123 \rightarrow 1^3 + 2^3 + 3^3 \rightarrow 36 \rightarrow 3^3 + 6^3 \rightarrow 243 \rightarrow 2^3 + 4^3 + 3^3 \rightarrow 99 \rightarrow 9^3 + 9^3 \rightarrow 1458 \rightarrow$
$1^3 + 4^3 + 5^3 + 8^3 \rightarrow 702 \rightarrow 7^3 + 2^3 \rightarrow 351 \rightarrow 3^3 + 5^3 + 1^3 \rightarrow 153$

圣经数这一奇妙的性质是以色列人科恩发现的。英国学者奥皮亚奈，对此作了证明。《美国数学月刊》对有关问题还进行了深入的探讨。

对称数

文学作品有"回文诗"，如"山连海来海连山"，不论你顺读，还是倒过来读，它都完全一样。有趣的是，数学王国中，也有类似于"回文"的对称数！

先看下面的算式：

$11 \times 11 = 121$

$111 \times 111 = 12321$

$1111 \times 1111 = 1234321$

……

由此推论下去，12345678987654321 这个十七位数，是由哪两数相乘得到的，也便不言而喻了！

瞧，这些数的排列多么像一列士兵，由低到高，再由高到低，整齐有序。还有一些数，如：9461649，虽高低交错，却也左右对称。假如以中间的一个数为对称轴，数字的排列方式，简直就是个对称图形了！因此，这类数被称做"对称数"。

对称数排列有序，整齐美观，形象动人。

那么，怎样能够得到对称数呢？

经研究，除了上述 11、111、1111……自乘的积是对称数外，把某些自然数与它的逆序数相加，得出的和再与和的逆序数相加，连续进行下去，也可得到对称数。

如：475

```
    475          1049          10450
  + 574        + 9401        + 05401
  ─────        ───────       ───────
   1049         10450         15851
```

15851 便是对称数。

再如：7234

$$
\begin{array}{r}
7234 \\
+\ 4327 \\
\hline
11561
\end{array}
\qquad
\begin{array}{r}
11561 \\
+16511 \\
\hline
28072
\end{array}
\qquad
\begin{array}{r}
28072 \\
+27082 \\
\hline
55154
\end{array}
$$

$$
\begin{array}{r}
55154 \\
+45155 \\
\hline
100309
\end{array}
\qquad
\begin{array}{r}
100309 \\
+903001 \\
\hline
1003310
\end{array}
\qquad
\begin{array}{r}
1003310 \\
+0133001 \\
\hline
1136311
\end{array}
$$

对称数也出现了：1136311。

对称数还有一些独特的性质：

1. 任意一个数位是偶数的对称数，都能被 11 整除。如：

$77 \div 11 = 7 \quad 1001 \div 11 = 91$

$5445 \div 11 = 495 \quad 310013 \div 11 = 28183$

2. 两个由相同数字组成的对称数，它们的差必定是 81 的倍数。如：

$9779 - 7997 = 1782 = 81 \times 22$

$43234 - 34243 = 8991 = 81 \times 111$

$63136 - 36163 = 26973 = 81 \times 333$

……

 知识点

回　文

　　回文是汉语特有的一种使用词序回环往复的修辞方法，文体上称之为"回文体"。而回文诗是一种按一定法则将字词排列成文，回环往复都能诵读的诗。这种诗的形式变化无穷，非常活泼。能上下颠倒读，能顺读倒读，能斜读，能交互读。只要循着规律读，都能读成优美的诗篇。

　　如下面这首诗：开篷一棹远溪流，走上烟花踏径游。来客仙亭闲伴鹤，泛舟渔浦满飞鸥。台映碧泉寒井冷，月明孤寺古林幽。回望四山观落日，偎林傍水绿悠悠。

　　可倒读为：悠悠绿水傍林偎，日落观山四望回。幽林古寺孤明月，冷井寒泉碧映台。鸥飞满浦渔舟泛，鹤伴闲亭仙客来。游径踏花烟上走，流溪远棹一篷开。

延伸阅读

对答数

任意写一个4位数，例如1996。把这个数乘以3456，乘积记为A：

$A = 1996 \times 3456 = 6898176$。

然后把A的各位数字相加，得到的数记为B：

$B = 6+8+9+8+1+7+6 = 45$。

最后再把B的各位数字相加，得到的数记为C：

$C = 4+5 = 9$。

可以再列举几个数，各自算各自的A、B、C，算完以后，看看答数。只要计算正确，不管当初写的4位数是什么，最后答数一定是$C = 9$。

为什么最后一定得到9呢？

因为最初求A时，总是乘以3456。在这里，3456是9的倍数。所以A是9的倍数。

如果一个数是9的倍数，那么它的各位数字的和也是9的倍数。所以B也是9的倍数。同理C也是9的倍数。

A是两个4位数的乘积，所以A至多是8位数。A的各位数字相加，不会大于8个9的和，所以B值不超过72。B又是9的倍数，所以B的数字的和等于9，也就是$C = 9$。

在开始学习多位数乘法时，可以用这个小游戏来做乘法练习。可以自己一个人做，也可以几个人一起做。

自守数

我们知道，人的相貌可以遗传。有时一看就知道某人是谁的孩子，因为他长得和他的父母很像。

做平方运算时，数字也可以遗传。例如

$5^2 = 25$，

$25^2 = 625$。

在以上两个等式中：

5和它的平方25，最后一位数字一模一样（一位遗传）；

25 和它的平方 625，最后两位数字一模一样（两位遗传）。

有没有位数更多的遗传现象呢？下面一串等式提供了三位、四位、五位和六位遗传现象的例子。

$$625^2 = 390625,$$
$$0625^2 = 390625,$$
$$90625^2 = 8212890625,$$
$$890625^2 = 793212890625。$$

严格说来，0625 不能算是四位数，只能看成四位密码锁上的一个号码。但是它的平方确实把这四位号码完全保留在平方数的尾部。况且，把 0625 也算在里面，还有一个好处，就是保持了演变的连续性：上面这些等式左边的数，按照位数从少到多，顺次是 5，25，625，0625，90625，890625。

这是一个在平方运算下具有数字遗传特性的家族。从这一列数中的每个数要得到它后面相邻的数，只需在原数前面加上一个适当的数字；反过来，要得到这列数中某个数前面相邻的数，只需划去原数最前面一位的数字。只要记下这列数中有一个数是 890625，把它的数字从前往后顺次一个一个地划掉，就得到前面几个数了。

下面是另外一组有遗传特性的数：

$$6^2 = 36,$$
$$76^2 = 5776,$$
$$376^2 = 141376,$$
$$9376^2 = 87909376,$$
$$09376^2 = 87909376,$$
$$109376^2 = 11963109376。$$

上面这些等式左边的数，按照位数从少到多，顺次是 6，76，376，9376，09376，109376。

这是另一个在平方运算下具有数字遗传特性的家族。和刚才的情形类似，从这列数中的每个数要得到它后面相邻的数，只需在原数前面加上一个适当的数字；而要得到其中某数前面相邻的数，只需划去原数最前面一位的数字。

以上两组奇妙的数，不但性质类似，而且互相之间有一种奇妙的联系：

$$5 + 6 = 11,$$
$$25 + 76 = 101,$$
$$625 + 376 = 1001,$$
$$0625 + 9376 = 10001,$$

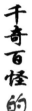

千奇百怪的 数

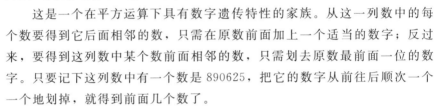

$90625＋09376＝100001$，

$890625＋109376＝1000001$。

在一些资料中，把这种在平方运算下具有数字遗传特性的数，叫做自守数。

遗 传

遗传是指经由基因的传递，使后代获得亲代的特征。遗传学是研究此一现象的学科，目前已知地球上现存的生命主要是以 DNA 作为遗传物质。除了遗传之外，决定生物特征的因素还有环境，以及环境与遗传的交互作用。DNA 是一类带有遗传信息的生物大分子。由 4 种主要的脱氧核苷酸（dAMP、dGMP、dCMT 和 dTMP）通过 $3^{'}$、$5^{'}$ 一磷酸二酯键连接而成。它们的组成和排列不同，显示不同的生物功能，如编码功能、复制和转录的调控功能等。排列的变异可能产生一系列疾病。

遗传算法

遗传算法（GA）是一类借鉴生物界的进化规律（适者生存，优胜劣汰遗传机制）演化而来的随机化搜索方法。它是由美国的荷兰德教授 1975 年首先提出的，其主要特点是直接对结构对象进行操作，不存在求导和函数连续性的限定；具有内在的隐并行性和更好的全局寻优能力；采用概率化的寻优方法，能自动获取和指导优化的搜索空间，自适应地调整搜索方向，不需要确定的规则。

遗传算法广泛应用于许多科学，函数优化是遗传算法的经典应用领域，也是遗传算法进行性能评价的常用算例。随着问题规模的增大，组合优化问题的搜索空间也急剧增大，有时在目前的计算上用枚举法很难求出最优解。对这类复杂的问题，人们已经意识到应把主要精力放在寻求满意解上，而遗传算法是寻求这种满意解的最佳工具之一。此外，GA 也在生产调度问题、自动控制、机器人学、图像处理、人工生命、遗传编码和机器学习等方面获得了广泛的运用。它还是现代有关智能计算中的关键技术。

各种数的关系与理论

为了方便快捷地解决各种数学问题，古今中外的数学家寻找数与数之间关系的规律，发明了许多解题的公理或公式。

在古代，当算术里积累了大量的、关于各种数量问题的解法后，为了寻求有系统的、更普遍的方法，以解决各种数量关系的问题，就产生了以解方程的原理为中心问题的初等代数。同余理论是近代数论的基础，它直接导向代数数论，利用它还可以证明许多重要定理。素数定理被认为是解析数论中最重要的定理，由它出发发展了解析数论一系列重要工具和问题。中国剩余定理，是数论中的一个重要命题。著名的斯特灵公式，是阶乘问题中一个十分有用的公式。德国数学家狄利克雷提出的抽屉原理，是研究组合问题时最基本最重要的原理。

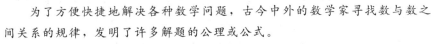

代数基本定理

任何复系数一元 n 次多项式方程在复数域上至少有一根（$n \geq 1$），由此推出，n 次复系数多项式方程在复数域内有且只有 n 个根（重根按重数计算）代数基本定理在代数乃至整个数学中起着基础作用。据说，关于代数学基本定理的证明，现有200多种证法。

迄今为止，该定理尚无纯代数方法的证明。大数学家 J. P. 塞尔曾经指出：代数基本定理的所有证明本质上都是拓扑的。他在数学名著《从微分观点看拓扑》一书中给了一个几何直观的证明，但是其中用到了和临界点测度有关的 sard 定理。复变函数论中，对代数基本定理的证明是相当优美的，其中用到了很多经典的复变函数的理论结果。

该定理的第一个证明是法国数学家达朗贝尔给出的，但证明不完整。

接着，欧拉也给出了一个证明，但也有缺陷，拉格朗日于 1772 年又重新证明了该定理，后经高斯分析，证明仍然是很不严格的。

代数基本定理的第一个严格证明通常认为是高斯给出的（1799 年在哥廷根大学的博士论文），基本思想如下：

设 $f(z)$ 为 n 次实系数多项式，记 $z=x+yi$（x、$y\in R$），考虑方根：

$$f(x+yi)=u(x、y)+v(x、y)i$$
$$=0$$

即 $u(x、y)=0$ 与 $v(x、y)=0$

达朗贝尔

这里 $u(x、y)=0$ 与 $v(x、y)=0$ 分别表示 oxy 坐标平面上的两条曲线 C_1、C_2，于是通过对曲线做定性的研究，他证明了这两条曲线必有一个交点 $z_0=a+bi$，从而得出 $u(a、b)=v(a、b)=0$，即 $f(a+bi)=0$，因此 z_0 便是方程 $f(z)=0$ 的一个根，这个论证具有高度的创造性，但从现代的标准看依然是不严格的，因为他依靠了曲线的图形，证明它们必然相交，而这些图形是比较复杂，其中隐含了很多需要验证的拓扑结论等等。

高斯后来又给出了另外三个证法，其中第四个证法是他 71 岁公布的，并且在这个证明中他允许多项式的系数是复数。

在复变函数论中，有相当优美的传统证明方法。

设 $f(z)$ 是 n 次多项式。如果 $f(z)=0$ 没有根，那么 $g(z)=1/f(z)$ 是复平面上全纯函数。由于 $f(z)$ 是多项式，所以可证 $g(z)$ 是有界的。由刘维尔定理，一个复平面上的全纯有界函数必为常数。从而 g 是常值函数，亦即 f 是常值函数，这样就矛盾了，故得证代数基本定理。

此定理也可以用关于留数公式的儒歇定理来证，但本质上都是拓扑的。

知识点

达朗贝尔

达朗贝尔（1717～1783）是法国著名的物理学家、数学家和天文学

家。他是圣让勒隆教堂附近的一个弃婴，被一位玻璃匠收养，后来这个教堂的名字就成了他的教名。他一生研究了大量课题，完成了涉及多个科学领域的论文和专著，其中最著名的有8卷巨著《数学手册》、力学专著《动力学》、23卷的《文集》、《百科全书》的序言等等。他的很多研究成果记载于《宇宙体系的几个要点研究》中。达朗贝尔生前为人类的进步与文明作出了巨大的贡献，也得到了许多荣誉。但在他临终时，却因教会的阻挠没有举行任何形式的葬礼。

达朗贝尔原理

达朗贝尔在其物理学著作《动力学》一书中，提出了达朗贝尔原理，它与牛顿第二定律相似，但它的发展在于可以把动力学问题转化为静力学问题处理，还可以用平面静力的方法分析刚体的平面运动，这一原理使一些力学问题的分析简单化，而且为分析力学的创立打下了基础。

牛顿是最早开始系统研究流体力学的科学家，但达朗贝尔则为流体力学成为一门学科打下了基础。1752年，达朗贝尔第一次用微分方程表示场，同时提出了著名的达朗贝尔原理——流体力学的一个原理，虽然这一原理存在一些问题，但是达朗贝尔第一次提出了流体速度和加速度分量的概念。

18世纪，牛顿运动理论已经不能完善地解释月球的运动原理了。达朗贝尔开始涉足这一领域，用他的力学的知识为天文学领域作出了重要贡献。同时达朗贝尔发现了流体自转时平衡形式的一般结果，关于地球形状和自传的理论。发表了关于春分点、岁差和章动的论文，为天体力学的形成和发展奠定了基础。

同余理论

长期以来，我们已习惯在星期六、星期日休息了，只有星期一到星期五是工作日。如果我们把日子按自然数顺序排列，那么我们很难确定第

19579 日或 378 日是工作日还是休息日，甚至也难知道 9 月 30 日是星期几。因此 7 天一轮的制度给我们减少许多麻烦，而且每月如果 3 日是星期日，那么 10 日、17 日、24 日、31 日也是星期日，显然它们的差是 7 或 7 的倍数。

为此我们引进了数的同余概念。高斯的定义是，如果两个整数 a 和 b 的差可被非零整数 m 整除，那么 a 和 b 就对模 m 同余。换句话说，两个整数模 m 同余，如果它们除以 m 之后所得的余数相同。高斯用三条短平行线来表示同余，这个记号到今天仍然在使用：$a \equiv b$（mod m）。例如，17 和 52 是模 7 同余的，因为它们除以 7 之后所得的余数都是 3，即 $17 \equiv 52$（mod 7）。高斯还指出了用同余数进行运算的可能性。对于同一模 m 同余，我们有下列规则：

纪念高斯的邮票

1. 如两数同余于第三数，则这两数也彼此同余

2. 两同余式可以相加、相减、相乘

即如 $a \equiv b$（mod m）$c \equiv d$（mod m）

则 $a \pm c \equiv b \pm d$（mod m）

$ac \equiv bd$（mod n）

定义同余以后，就要问一次同余方程 $ax \equiv b$（mod p）有没有解？实际上这就是解一次不定方程 $ax + py = b$，这个问题不难解决。但是二次同余方程 $x^2 \equiv q$（mod p）有没有解可就不简单了，比如 $x^2 \equiv 13$（mod17）有没有解呢？

你当然可以一个一个试，但是有没有一般的规律呢？当然欧洲几位大数学家都想解决这个问题，但是只取得部分的成功，而 20 岁刚出头的高斯一举证明一个一般的规律——二次互反律，其中一个情形是说：如果 p，q 都是 $4n+1$ 型的奇素数，那么如 $x^2 \equiv p$（mod q）有解，则 $x^2 \equiv q$（mod p）也有解，如果 $x^2 \equiv p$（mod q）无解。则 $x^2 \equiv q$（mod p）也无解，反过来也一样。这个规律太重要了，所以高斯称它为黄金规律。

二次互反律涉及的一些特殊情形，欧拉也早就知道。欧拉证明，当 p 为 $4n+1$ 型的奇素数时，二次同余式 $x^2+1\equiv0$（mod p）

有整数解 x，而当 p 为 $4n+3$ 型的素数时，$x^2+1\equiv0$（mod p）

没有整数解 x。用二次剩余的语言来讲，对于 $4n+1$ 型素数，-1 为二次剩余，而对于 $4n+3$ 型素数，-1 为二次非剩余。

同余理论是近代数论的基础，它直接导向代数数论，利用它还可以证明许多重要定理，其中包括，如 p 为 $4n+1$ 型素数，则它唯一地可表示为两个数的平方和。

高 斯

　　高斯（1777—1855），德国数学家、物理学家、天文学家和大地测量学家。近代数学奠基者之一，高斯有"数学王子"的美称，被认为是人类有史以来"最伟大的四位数学家（阿基米德、牛顿、欧拉、高斯）之一"。高斯的数学研究几乎遍及所有领域，在数论、代数学、非欧几何、复变函数和微分几何等方面都作出了开创性的贡献。他还把数学应用于天文学、大地测量学和磁学的研究，发明了最小二乘法原理。如果我们把18世纪的数学家想象为一系列的高山峻岭，那么最后一个令人肃然起敬的巅峰就是高斯；如果把19世纪的数学家想像为一条条江河，那么其源头就是高斯。

高斯的母亲

　　在数学史上，很少有人像高斯一样很幸运地有一位鼎力支持他成才的母亲。罗捷雅直到34岁才出嫁，生下高斯时已有35岁了。她性格坚强、聪明贤慧、富有幽默感。高斯一生下来，就对一切现象和事物十分好奇，而且决心弄个水落石出，这已经超出了一个孩子能被许可的范围。当丈夫为此训斥孩子时，她总是支持高斯，坚决反对顽固的丈夫想把儿子变得跟他一样无知。

罗捷雅真的希望儿子能干出一番伟大的事业，对高斯的才华极为珍视。然而，她也不敢轻易地让儿子投入当时尚不能养家糊口的数学研究中。在高斯 19 岁那年，尽管他已取得了一些了不起的数学成就，但她仍向非欧几何创立者之一波尔约问高斯将来会有出息吗？波尔约说她的儿子将是欧洲最伟大的数学家。为此她激动得热泪盈眶。

素因子唯一分解定理

除 1 以外，任何正整数不是素数就是复合数。对于素数 p，除了 1 和本身 p，没有其他的因子或因数，它没有分解因子的问题。但复合数的因子分解就比较复杂，它可以有各种各样的因子分解或乘法表示的方法，例如：

$12 = 2 \times 6 = 3 \times 4$

$100 = 4 \times 25 \times = 10 \times 10 = 5 \times 20$

因此，并没有唯一的因子表示的方法。但是，如果把每个因子继续分解，使得每个因子都是素数，在这种情况下，我们可以看出一种相同的因子分解或乘法表示式。例如上面的例子

$12 = 2 \times 6 = 3 \times 4$

2 和 3 是素数不能再分解了，而 6 和 4 是复合数可以再进一步分解，这样就得出

$12 = 2 \times 6 = 2 \times 3 \times 2$

$12 = 3 \times 4 = 3 \times 2 \times 2$

这样都不能进一步分解了，而且最后的答案除了次序之外是一样的。由于乘法满足交换律，所以乘积是相等的。同样

$100 = 4 \times 25 = 4 \times 5 \times 5 = 2 \times 2 \times 5 \times 5$

$100 = 10 \times 10 = 2 \times 5 \times 2 \times 5$

$100 = 5 \times 20 = 5 \times 2 \times 10 = 5 \times 2 \times 2 \times 5$

最后结果也是一样的。每一个复合数都可以按照这种方式表示成素因子的乘积，而且可以证明，这种标准分解式是唯一的。这个定理是算术或数论中最基本的定理，常常称为"算术基本定理"，如果我们把素因子按照

大小顺序排列，我们就可以得出，任何正整数 n 可以唯一地表示为：

$$n = p1^{a_1} \cdot p2^{a_1} \cdot p3^{a_1} \cdot \cdots \cdot pk^{a_1}$$

例如

$$12 = 2^2 \cdot 3$$

$$100 = 2^2 \cdot 5^2$$

这里也可说明为什么我们不把 1 看成素数的道理，因为要把 1 看成素数，那么在 n 的任何标准分解式前，可以乘上 1 的任何次幂。这样一来唯一性就完全被破坏了，所以 1 不被看成素数。除 1 以外，任何整数不管是素数还是复合数，都有唯一的乘法表示，这个素因子唯一分解定理成为数论的其他定理的出发点。

 知识点

数　论

　　数论的本质是对素数性质的研究。整数的基本元素是素数，所以，数论的本质是对素数性质的研究。两千年前，欧几里得证明了有无穷个素数。既然有无穷个，就一定有一个表示所有素数的素数通项公式，或者叫素数普遍公式。它是和平面几何学同样历史悠久的学科。高斯誉之为"数学中的皇冠"。按照研究方法的难易程度来看，数论大致上可以分为初等数论（古典数论）和高等数论（近代数论）。

 延伸阅读

魔术数

　　有一些数字，只要把它接写在任一个自然数的末尾，那么，原数就如同着了魔似的，它连同接写的数所组成的新数，就必定能够被这个接写的数整除。因而，把接写上去的数称为"魔术数"。

　　我们已经知道，一位数中的 1，2，5，是魔术数。1 是魔术数是一目了然的，因为任何数除以 1 仍得任何数。

用 2 试试：

12，22，32，…，112，172，…，7132，9012……这些数，都能被 2 整除，因为它们都被 2 粘上了！

用 5 试试：

15，25，35，…，115，135，…，3015，7175……同样，任何一个数，只要末尾粘上了 5，它就必须能被 5 整除。

有趣的是：一位的魔术数 1，2，5，恰是 10 的约数中所有的一位数。

两位的魔术数有 10、20、25、50，恰是 100（10^2）的约数中所有的两位数。

三位的魔术数，恰是 1000（10^3）的约数中所有的三位数，即：100、125、200、250、500。

四位的魔术数，恰是 10000（10^4）的约数中所有的四位数，即 1000、1250、2000、2500、5000。

那么 n 位魔术数应是哪些呢？由上面各题可推知，应是 10^n 的约数中所有的 n 位约数。四位、五位直至 n 位魔术数，它们都只有 5 个。

素数定理

欧几里得已经证明，素数有无穷多，其后有不少新证明，其中欧拉及库默尔的证明均极为简单巧妙，但是某个数 x 以下的素数个数 $\pi(x)$ 等于多少呢？

通过人手及计算机的计算得出：

$\pi(10) = 4$

$\pi(10^2) = 25$

$\pi(10^3) = 168$

$\pi(10^4) = 1229$

$\pi(10^5) = 9592$

$\pi(10^6) = 78498$

$\pi(10^7) = 664579$

$\pi(10^8) = 5761455$

$\pi(10^9) = 50847534$

$\pi(10^{10}) = 455052512$

$\pi(10^{11}) = 41180548130$

$\pi\left(10^{12}\right)=37607912018$

$\pi\left(10^{13}\right)=346065536839$

$\pi\left(10^{14}\right)=3204941750802$

$\pi\left(10^{15}\right)=29844570422669$

$\pi\left(10^{16}\right)=279238341033925$

18 世纪末，勒让德及高斯根据自己的计算以及当时的素数表，估计不大于某实数 x 的素数的数目即 $\pi\left(x\right)$ 的大小。他们估计

$\pi\left(x\right)\sim\dfrac{x}{\ln x}$，这通常称为素数定理。这里的 ln 是以 e 为底的自然对数，$\sim$ 表示当 $x\rightarrow\infty$ 两端渐近相等。素数定理被认为是解析数论中最重要的定理，由它出发发展了解析数论一系列重要工具和问题。首先证明素数定理的是法国数学家阿达马和比利时数学家瓦莱—布桑在 1896 年独立得出的，他们用的都是黎曼引进的函数 $S\left(x\right)$。其后素数定理又有许多证明，用的都是分析工具。不用分析，令人惊叹的初等证明一直到 1949 年才由挪威数学家塞尔伯格以及匈牙利数学家埃多什各自独立得到。其后又有许多改进的证明。

1837 年狄利克雷还证明了欧拉的猜想，任等差级数 $an+q$ 中（a，q 互素，$n=1$，2，3……）存在无穷多素数，而且也有类似的分布。

知识点

阿达马

阿达马（1865～1963），法国数学家。他长期在巴黎综合工科学校和中央学校兼职任教，并在法兰西学院创办了一个著名的讨论班。1912 年被选为法国科学院院士。他还是前苏联、美国、英国、意大利等国的科学院院士或皇家学会的会员以及许多国家的名誉博士。1936 年来中国清华大学讲学三个多月。他在研究函数的极大模时得到了著名的三圆定理，并应用到整函数的泰勒级数系数极大模的衰减和这个函数的亏格间的关系上，完善了庞加莱的结果，获得了 1892 年法国科学院大奖。他还证明了黎曼 ζ 函数的亏格为零（1896 年），对黎曼猜想的解决作出了贡献。他证明了素数定理，从而建立解析数论的基础。

延伸阅读

欧拉轶事

据说欧拉是能在任何地方、任何条件下工作的人，他很喜欢孩子，他写论文时常常把一个婴儿抱在膝上，而较大的孩子都围着他玩。他写作最难的数学作品时也令人难以置信的轻松。

据说欧拉常常在两次叫他吃晚饭的半小时左右的时间里赶出一篇数学论文。文章一写完，就放到给印刷者准备的不断增高的稿子堆儿上。当科学院的学报需要材料时，印刷者便从这堆儿顶上拿走一打。这样一来，这些文章的发表日期就常常与写作顺序颠倒。由于欧拉习惯于为了搞透或扩展他已经做过的东西而对一个课题反复搞多次，这种恶果便显得更严重，以至有时关于某课题的一系列文章发表顺序完全相反。

欧拉曾遭受了一次巨大的不幸。他为了赢得巴黎奖金而投身于一个天文学问题，那是几个有影响的大数学家搞了几个月时间，欧拉仅用三天时间就把它解决了的问题。可是过分的劳累使他得了一场病，病中右眼失明了。

中国剩余定理

中国剩余定理，又称为中国余数定理、孙子剩余定理，古有"韩信点兵"、"孙子定理"、"鬼谷算"、"隔墙算"、"剪管术"、"秦王暗点兵"、"物不知数"之名，是数论中的一个重要命题。

在中国古代著名数学著作《孙子算经》中，有一道题目叫做"物不知数"，原文如下：

有物不知其数，三三数之剩二，五五数之剩三，七七数之剩二。问物几何？

即，一个整数除以三余二，除以五余三，除以七余二，求这个整数。

中国数学家秦九韶于1247年做出了完整的解答，口诀如下：

三人同行七十希，五树梅花廿一支，七子团圆正半月，除百零五使得知。

这个解法实际上是，首先利用秦九韶发明的大衍求一术求出 5 和 7 的最小公倍数 35 的倍数中除以 3 余数为 1 的最小一个 70（这个称为 35 相对于 3 的数论倒数），3 和 7 的最小公倍数 21 相对于 5 的数论倒数 21，3 和 5 的最小公倍数 15 相对于 7 的数论倒数 15。然后 233 便是可能的解之一。它加减 3、5、7 的最小公倍数 105 的若干倍仍然是解，因此最小的解为 233 除以 105 的余数 23。

秦九韶

附注：这个解法并非最简，因为实际上 35 就符合除 3 余 2 的特性，所以最小解是：

$$35 \times 1 + 21 \times 3 + 15 \times 2 - 3 \times 5 \times 7 = 128 - 105 = 23$$，最小解加上 105 的正整数倍都是解。

计算两个剩余数之差的原理，称为剩余差定理。如 $A/2$ 余 1，$A/3$ 余 2，$A/5$ 余 2，$A/7$ 余 3，$A/11$ 余 3。$B/2$ 余 1，$B/3$ 余 2，$B/5$ 余 2，$B/7$ 余 4，$B/11$ 余 3。计算 $B - A = ?$

余数差，指除以同一个素因子的余数之差，如 $A/11$ 余 3 与 $B/11$ 余 5，我们称除以 11 的余数差为 2。

定理一：当两个剩余数除以所有素因子的余数差为 N 时，那么，这两个剩余数的剩余差为 N。

例．$A/2$ 余 1，$A/3$ 余 2，$A/5$ 余 3，$A/7$ 余 4，$A/11$ 余 5。$B/2$ 余 0，$B/3$ 余 2，$B/5$ 余 2，$B/7$ 余 6，$B/11$ 余 3。计算两剩余数之差。

我们用 B 的余数 $- A$ 的余数：

$11N + 3 - 5 = 9, 20, 31, 42, \cdots$。

$7N + 6 - 4 = 2, 9, 16, 23, \cdots$。

$5N + 2 - 3 = 4, 9, 14, 19, \cdots$。

$3N + 2 - 2 = 3, 6, 9, 12, \cdots$。

$2N + 0 - 1 = 1, 3, 5, 7, 9, \cdots$。

这里有余数差同为 9，故这两个剩余数之差为 9。结果 $1532 - 1523 = 9$。

定理二：当两个剩余数的部分余数差为 0 时，其剩余数差为这部分素因子的乘积的倍数与不同的余数差相同的数。

例 1.$A/2$ 余 1，$A/3$ 余 2，$A/5$ 余 2，$A/7$ 余 3，$A/11$ 余 3。$B/2$ 余 1，$B/3$ 余 2，$B/5$ 余 2，$B/7$ 余 4，$B/11$ 余 3。计算 $B-A=$？

这里余数差为 0 的有，除以素因子 2，3，5，11，因 $2×3×5×11=330$，$330N$ 有 330，660，990，1320，1650，1980，2310，满足除以 7 的余数与余数差为 1 相同的只有 330。结果 $2027-1697=330$。

例 2.$A/2$ 余 0，$A/3$ 余 1，$A/5$ 余 2，$A/7$ 余 3，$A/11$ 余 4，$A/13$ 余 5。$B/2$ 余 1，$B/3$ 余 1，$B/5$ 余 2，$B/7$ 余 3，$B/11$ 余 7，$B/13$ 余 5。计算 $B-A=$？

这里余数差为 0 的有：$(B-A)/3$，$(B-A)/5$，$(B-A)/7$，$(B-A)/13$ 除以素因子 3，5，7，13，因 $3×5×7×13=1365$，余数差不为 0 的有：$(B-A)/11$ 余 3，$(B-A)/2$ 余 1，分两步走。

这里的 $1365N$ 也可以化简，因 $1365/11$ 余 1，得 $1365N$ 的第 3 项 $4095/11$ 余 3。

将 $4095N$ 取 2 项有 4095，8190，因 $4095/2$ 余 1 与余数差 1 相同，得这两个剩余数之差为 4095。结果 $33337-29242=4095$。

说明：定理一也可以解任何题，只不过对于大数比较烦琐，一般情况下尽可能使用定理二进行计算。

 知识点

《孙子算经》

《孙子算经》约成书于 4~5 世纪，作者生平和编写年代都不清楚。现在传本的《孙子算经》共三卷。卷上叙述算筹记数的纵横相间制度和筹算乘除法则，卷中举例说明筹算分数算法和筹算开平方法。卷下第 31 题，可谓是后世"鸡兔同笼"题的始祖，后来传到日本，变成"鹤龟算"。具有重大意义的是卷下第 26 题："今有物不知其数，三三数之剩二，五五数之剩三，七七数之剩二，问物几何？答曰：二十三。"《孙子算经》不但提供了答案，而且还给出了解法。南宋大数学家秦九韶则进一步开创了对一次同余式理论的研究工作，推广"物不知数"的问题。

秦九韶

秦九韶（约 1208～约 1261）南宋官员、数学家，与李冶、杨辉、朱世杰并称宋元数学四大家。自称鲁郡（今山东曲阜）人，生于普州安岳（今属四川）。精研星象、音律、算术、诗词、弓剑、营造之学，历任琼州知府、司农丞，后遭贬。宋淳祐四至七年（1244～1247），他在为母亲守孝时，把长期积累的数学知识和研究所得加以编辑，写成了巨著《数学九章》，并创造了大衍求一术、三斜求积术和秦九韶算法，这不仅在当时处于世界领先地位，而且在近代数学和现代电子计算设计中，也起到了重要作用，被称为"中国剩余定理"。他所论的"正负开方术"，被称为"秦九韶程序"。现在，世界各国从小学、中学到大学的数学课程，几乎都接触到他的定理、定律和解题原则。

佩尔方程

1732 年欧拉把 $x^2 - Dy^2 = 1$（其中 D 是一个正整数，一般假定没有平方因子）这种类型的方程错误地叫做佩尔方程，这大概是因为他错误地以为英国数学家约翰·佩尔是一个老解法的发明者，而实际上佩尔与这个方程毫无关系。

这个方程有着悠久的历史，公元前 4～5 世纪时，印度人在求 $\sqrt{2}$ 的近似值前，曾得出 $x^2 - 2y^2 = 1$ 的解（17，12）和（577，408）。同时，毕达哥拉斯学派也得出 $x^2 - 2y^2 = \pm1$ 的一个递推公式。同样阿基米德也得出 $x^2 - 3y^2 = 1$ 的解（1351，780）。丢番图也研究过这个方程的许多特殊情形。

关于佩尔方程，我们已经有了非常完整的结果：如果 D 是一个正整数并且不是完全平方数，则佩尔方程 $x^2 - Dy^2 = 1$ 存在无穷多组整数解（x，y），且任何一组解都可以由某一特殊的解（称为基本解）（x_0，y_0）生成出来。具体来讲，任何解（x，y）与基本解（x_0，y_0）的关系为 $x + y\sqrt{D} = \pm(x_0 + y_0\sqrt{D})^n$，其中 n 是任意整数。

这样一来问题就变成求（x，y）的问题，1759 年欧拉通过把 $\sqrt{D}$ 展开成连分式而给出解佩尔方程的方法，他的想法是，如果 x，y 满足方程，则 x/y 是 $\sqrt{D}$ 的很好的近似值。但是，他不能证明他的方法总能求出解，并且所有解都能由 $\sqrt{D}$ 的连分式展开给出来。一直到 1766 年拉格朗日才完全解决了这个问题。

举例来讲，$\sqrt{2}$ 的连分式展开为

$$\sqrt{2}=1+\cfrac{1}{2+\cfrac{1}{2+\cfrac{1}{2+\cdots}}}$$

纪念阿基米德的邮票

由它的近似值 $\dfrac{x}{y}=1$，$\dfrac{3}{2}$，$\dfrac{7}{5}$，$\dfrac{17}{12}$，…，（x，y）都是 $x^2-2y^2=\pm 1$ 的解，这正好跟毕达哥拉斯学派所得到的不谋而合。

对于不同的 D，最小解的大小差别很大，这从下表中的数据可以看出。

表 $x^2-Dy^2=1$ 的最小解

D	x	y
8	3	1
10	19	6
11	10	3
13	649	180
14	15	4
15	4	1
……		
60	31	4
61	1766319049	226153980
62	63	8
……		

对于更一般的方程 $x^2-Dy^2=k$，费马说他自己知道这个方程什么时候有解，并且说如果有解的话，他也能够解出来，但他照例没有具体给出证明。

最后结果是拉格朗日在 1766～1770 年间给出的。

丢番图

丢番图（约 246～330），古希腊后期数学家，代数学的创始人之一。他的《算术》是讲数论的，它讨论了一次、二次以及个别的三次方程，还有大量的不定方程。现在对于具有整数系数的不定方程，如果只考虑其整数解，这类方程就叫做丢番图方程，它是数论的一个分支。不过丢番图并不要求解答是整数，而只要求是正有理数。希腊数学自毕达哥拉斯学派后，兴趣中心在几何，他们认为只有经过几何论证的命题才是可靠的。为了逻辑的严密性，代数也披上了几何的外衣。一切代数问题，甚至简单的一次方程的求解，也都纳入了几何的模式之中。直到丢番图，才把代数解放出来，摆脱了几何的羁绊。他认为代数方法比几何的演绎陈述更适宜于解决问题，而在解题的过程中显示出的高度的巧思和独创性，在希腊数学中独树一帜。

拉格朗日的游历

1755 年拉格朗日 19 岁时，第一篇论文"极大和极小的方法研究"，发展了欧拉所开创的变分法，为变分法奠定了理论基础。变分法的创立，使拉格朗日在都灵声名大震，并使他在不满 20 岁时当上了都灵皇家炮兵学校的教授，成为当时欧洲公认的第一流数学家。1764 年，法国科学院悬赏征文，要求用万有引力解释月球天平动问题，他的研究获奖。接着又成功地运用微分方程理论和近似解法研究了科学院提出的一个复杂的六体问题（木星的四个卫星的运动问题），为此又一次于 1766 年获奖。1766 年德国的腓特烈大帝向拉格朗日发出邀请时说，在"欧洲最大的王"的宫廷中应有"欧洲最大的数学家"。于是他应邀前往柏林，任普鲁士科学院数学部主任，居住达 20 年之久，开始了他一生科学研究的鼎盛时期。在此期间，他完成了《分析力学》一书，这是牛顿之后的一部重要的经典力学著作。书中运用变分原理和分析的方法，建立起完整和谐的力学体系，使力学分析化了。

斯特灵公式

在组合理论中，n 的阶乘是一种非常关键的数字。随着 n 的增大，$n!$ 以指数的方式迅速增加。前面几个阶乘可以用手算出来：

$1! = 1$

$2! = 2$

$3! = 6$

$4! = 24$

$5! = 120$

$6! = 720$

$7! = 5040$

$8! = 40320$

$9! = 362880$

$10! = 3628800$

再算下去就是非常吃力的活了。16 世纪到 17 世纪，许多人进行阶乘的计算并且列出表来。1669 年基尔舍出版《组合学大法》，列出了 64! 的数值。

其中 50!

$= 12737268388154203998513430837670055152977494547954734080000000000000$

$\approx 1.27 \times 10^{66}$

这比全宇宙中的原子数还要多上亿亿亿倍，真是名副其实的天文数字。因此，从实用角度看，我们没有必要精确计算出 $n!$ 的值，而只需要求出近似公式，这样能够算出前几位准确值以及它的位数就够了。1730 年左右，英国数学家斯特灵和其他人独立地得出这个公式，这就是著名的斯特灵公式：

$$n! \approx \sqrt{2\pi n}\left(\frac{n}{e}\right)^n$$

其中 ≈ 表示近似等于，这个公式中包含数学中两个最重要的常数：一

个是圆周率 π，一个是自然对数底 e，e＝2.71828…。这种近似公式往往 n 越大，近似值越精确，用这个公式我们得出

70! ≈1.2×10^{100}

也就是阶乘中首次突破 100 位大关的数。从这里也可以看出计算机出现之前手算的艰辛，同时也表明，数学中近似估计的无比重要性。

知识点

自然对数

以常数 e 为底数的对数叫做自然对数，记作 ln N（N＞0）。e 是一个无限不循环小数，其值约等于 2.718281828……它是一个超越数。e 在科学技术中用得非常多，一般不使用以 10 为底数的对数。以 e 为底数，许多式子都能得到简化，用它是最"自然"的，所以叫"自然对数"。我们可以从自然对数最早是怎么来的来说明其有多"自然"。以前人们做乘法就用乘法，很麻烦，发明了对数这个工具后，乘法可以化成加法，即：log（ab）＝loga ＋ logb。为了讨论方便，我们把 e 或由 e 经过一定变换和复合的形式定义为"自然律"。

自然律的价值

现代宇宙学表明，宇宙起源于"大爆炸"，而且目前还在膨胀，这种描述与 19 世纪后半叶的两个伟大发现之一的熵定律，即热力学第二定律相吻合。熵定律指出，物质的演化总是朝着消灭信息、瓦解秩序的方向，逐渐由复杂到简单、由高级到低级不断退化的过程。退化的极限就是无序的平衡。

然而生命体的进化却与之有相反的特点，它使生命物质能避免趋向与环境衰退。任何生命都是耗散结构系统，它之所以能免于趋近最大的熵的死亡状态，就是因为生命体能通过吃、喝、呼吸等新陈代谢的过程从环境

中不断吸取负熵。新陈代谢中本质的东西，乃是使有机体成功地消除了当它自身活着的时候不得不产生的全部熵。

"自然律"一方面体现了自然系统朝着一片混乱方向不断瓦解的崩溃过程（如元素的衰变），另一方面又显示了生命系统只有通过一种有序化过程才能维持自身稳定和促进自身的发展（如细胞繁殖）的本质。正是具有这种把有序和无序、生机与死寂寓于同一形式的特点，"自然律"才在美学上有重要价值。

幻　方

相传在大禹治水的年代里，陕西的洛水常常大肆泛滥。洪水冲毁房舍，吞没田园，给两岸人民带来巨大的灾难。于是，每当洪水泛滥的季节来临之前，人们都抬着猪羊去河边祭河神。每一次，等人们摆好祭品，河中就会爬出一只大乌龟来，慢吞吞地绕着祭品转一圈。大乌龟走后，河水又照样泛滥起来。

后来，人们开始留心观察这只大乌龟。发现乌龟壳有 9 大块，横着数是 3 行，竖着数是 3 列，每一块乌龟壳上都有几个小点点，正好凑成从 1 到 9 的数字。可是，谁也弄不懂这些小点点究竟是什么意思。

有一年，这只大乌龟又爬上岸来，忽然，一个看热闹的小孩儿惊奇地叫了起来："多有趣啊，这些小点点不论是横着加，竖着加，还是斜着加，算出的结果都是 15！"人们想，河神大概是每样祭品都要 15 份吧，赶紧抬来 15 头猪和 15 头牛献给河神……果然，河水从此再也不泛滥了。

撇开这些迷信色彩不谈，"洛书"确实有它迷人的地方。普普通通的 9 个自然数，经过一番巧妙的排列，就把它们每 3 个数相加和是 15 的 8 个算式，全都包含在一个图案之中，真是令人不可思议。

在数学上，像这样一些具有奇妙性质的图案叫做"幻方"。"洛书"有 3 行 3 列，所以叫 3 阶幻方。这也是世界上最古老的一个幻方。

构造幻方并没有一个统一的方法，主要依靠人的灵巧智慧，正因为此，幻方赢得了无数人的喜爱。

历史上，最先把幻方当做数学问题来研究的人，是我国宋朝的著名数学家杨辉。他深入探索各类幻方的奥秘，总结出一些构造幻方的简单法则，还动手构造了许多极为有趣的幻方。被杨辉称为"攒九图"的幻方，就是他用前33个自然数构造而成的。

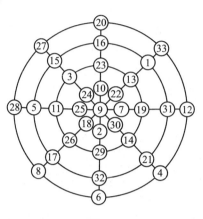

攒九图

攒九图有哪些奇妙的性质呢？请动手算算：每个圆圈上的数加起来都等于多少？而每条直径上的数加起来，又都等于多少？

幻方不仅吸引了许多数学家，也吸引了许许多多的数学爱好者。我国清朝有位叫张潮的学者，本来不是搞数学的。却被幻方弄得"神魂颠倒"。后来，他构造出了一批非常别致的幻方。"龟文聚六图"就是张潮的杰作之一。大约在15世纪初，幻方辗转流传到了欧洲各国，它的变幻莫测，它的高深奇妙，很快就使成千上万的欧洲人如痴如狂。包括欧拉在内的许多著名数学家，也对幻方产生了浓郁的兴趣。

欧拉曾想出一个奇妙的幻方。它由前64个自然数组成，每列或每行的和都是260，而半列或半行的和又都等于130。最有趣的是，这个幻方的行列数正好与国际象棋棋盘相同，按照马走"日"字的规定，根据这个幻方里数的排列顺序，马就可以不重复地跳遍整个棋盘！所以，这个幻方又叫"马步幻方"。

近百年来，幻方的形式越来越稀奇古怪，性质也越来越光怪陆离。现在，许多人都认为，最有趣的幻方属于"双料幻方"。它的奥秘和规律，数学家至今尚未完全弄清楚。

8阶幻方就是一个双料幻方。

为什么叫做双料幻方？因为，它的每一行、每一列以及每条对角线上8个数的和，都等于同一个常数840；而这样8个数的积呢，又都等于另一个常数2058068231856000。

有个叫阿当斯的英国人，为了找到一种稀奇古怪的幻方，竟然毫不吝啬地献出了毕生的精力。

1910年，当阿当斯还是一个小伙子时，就开始整天摆弄前19个自然数，试图把它们摆成一个六角幻方。在以后的47年里，阿当斯食不香，寝不安，一有空就把这19个数摆来摆去，然而，经历了成千上万次的失败，始终也没有找出一种合适的摆法。1957年的一天，正在病中的阿当斯闲得无聊，在一张小纸条上写写画画，没想到竟画出一个六角幻方。不料乐极生悲，阿当斯不久就把这个小纸条搞丢了。后来，他又经过5年的艰苦探索，才重新找到那个丢失了的六角幻方。

六角幻方得到了幻方专家的高度赞赏，被誉为数学宝库中的"稀世珍宝"。马丁博士是一位大名鼎鼎的美国幻方专家，毕生从事幻方研究，光4阶幻方他就熟悉880种不同的排法，可他见到六角幻方后，也感到是大开眼界。

过去，幻方纯粹是一种数学游戏。后来，人们逐渐发现其中蕴含着许多深刻的数学道理，并发现它能在许多场合得到实际应用。电子计算机技术的飞速发展，又给这个古老的题材注入了新鲜血液。数学家们进一步深入研究它，终于使其成为一门内容极其丰富的新数学分支——组合数学。

杨 辉

杨辉，生平履历不详，中国南宋时期杰出的数学家和数学教育家，钱塘（今杭州）人。由现存文献推知，杨辉担任过南宋地方行政官员，为政清廉，足迹遍及苏杭一带。他是世界上第一个排出丰富的纵横图和讨论其构成规律的数学家。与秦九韶、李冶、朱世杰并称宋元数学四大家。杨辉一生留下了大量的著述，他著名的数学书共五种二十一卷，它们是：《详解九章算法》12卷（1261年），《日用算法》2卷（1262年），《乘除通变本末》3卷（1274年，第3卷与他人合编），《田亩比类乘除捷法》2卷（1275年），《续古摘奇算法》2卷（1275年，与他人合编）。他非常重视数学教育的普及和发展，在《算法通变本末》中，杨辉为初学者制订的"习算纲目"是中国数学教育史上的重要文献。

 延伸阅读

幻方法则

南宋杨辉不仅精通数学，而且精通易学，在他1275年所著的《续古摘

奇算法》中，就对河图和洛书的数学问题进行了详尽的研究。其中对 3 阶幻方的排列，找出了一种奇妙的规律："九子斜排，上下对易，左右相更，四维挺出，戴九履一，左三右七，二四为肩，六八为足"。清代，李光地的《周易折中》把杨辉所概括的这种排列原理称为"阳动阴静"。

我们通常所说的幻方是平面和幻方。n 阶幻方就是在 $n×n$ 的方格中填上 n^2 个数，行、列和对角线的和值相等为完美幻方，行、列和值相等为不完美幻方。这一和值叫幻和值。

抽屉原理

抽屉原理是德国数学家狄利克雷首先明确提出来并用以证明一些数论中的问题，因此，也称为狄利克雷原则。在研究组合问题时，我们有一些最基本的原理，其中最重要的就是抽屉原理。抽屉原理也称为鸽洞或鸽笼原理，它非常简单，但是却很有用处。

鸽笼原理最简单的形式是这样的，如果要把 $n+1$ 只或更多的鸽子放进 n 个鸽笼子里，那么至少有一个鸽笼中有两只或两只以上鸽子。值得注意的是，把 $n+1$ 只鸽子放进 n 个笼子里的办法有许多，我们可以把 $n+1$ 只鸽子都放在一个笼子中，也可以每个笼子放一只，最后一个笼子放两只。因此，我们的兴趣不在于怎样放法，而是用来证明一些情况的存在性。

例如，一个生日宴会上有 400 人参加，那么一定有不少人同一天过生日，因为一年有 365 或 366 天，但是究竟这 400 人都是一天过生日，还是没有一个人当天过生日（假定过生日的主人不在 400 人之内），鸽洞原理并不能判断。这个看来用处不大的原理能解决不少问题。举例讲，一个边长为 1 的正方形内最多能找到几个点，使这些点之间的距离大于 1/2。碰到这类问题，虽然可以凑出来答案，但是要严格证明，却需要鸽洞原理。方法是把正三角形三边中点做一个小的

狄利克雷

正三角形，这样正三角形分成四个小三角形，这四个小三角形中点的关系有两方面：

（1）如果两个点在不同的小三角形中，则这两点的距离可能大于 1/2，当然也可能等于或小于 1/2。

（2）如果两个点在同一个小三角形中，则这两点的距离一定小于 1/2。

现在我们有 4 个小三角形，如果有 5 个点，那至少有一个小三角形中有两个点，它们之间距离小于 1/2。因此，我们在正三角形之内最多只能找到 4 个点它们彼此之间的距离大于 1/2。

同样在这个正三角形中，最多找到 9 个点，它们彼此之间距离大于 1/2，类似我们还可以解决更一般的问题。

狄利克雷

狄利克雷（1805~1859），德国数学家。对数论、数学分析和数学物理有突出贡献，是解析数论的创始人之一。中学时曾受教于物理学家欧姆；1822~1826 年在巴黎求学，深受傅立叶的影响。回国后先后在布雷斯劳大学、柏林军事学院和柏林大学任教 27 年，对德国数学发展产生了巨大影响。

在分析学方面，他是最早倡导严格化方法的数学家之一。1837 年他提出函数是 x 与 y 之间的一种对应关系的现代观点。在数论方面，他是高斯思想的传播者和拓广者。1837 年，他构造了狄利克雷级数。1838~1839 年，他得到确定二次型类数的公式。1846 年，使用抽屉原理，阐明代数数域中单位数的阿贝尔群的结构。

书架上放书

一个书架有五层，从下至上依次称第 1，第 2，…，第 5 层。今把 15

册图书分别放在书架的各层上，有些层可以不放，证明：无论怎样放法，书架每层上的图书册数以及相邻两层内图书册数之和，所有这些数中至少有两个是相等的。

解：我们先把这个实际问题抽象成数学问题，用 x_i 表示第 i 层放书的册数（$i=1，2，\cdots，5$）。

若有某个 $x_i=0$，则相邻的一层放书册数等于它与第 i 层放书册数之和，结论成立。

下面考虑 $x_i \geqslant 1$（$i=1，2，3，4，5$）的情况：

（1）若 $x_1，x_2，\cdots，x_5$ 中已有两数相等，结论成立。

（2）若 $x_1，x_2，\cdots，x_5$ 两两不等，再由它们和为 15，所以它们分别取 1，2，3，4，5，我们容易验证，在 $x_1+x_2，x_2+x_3，x_3+x_4，x_4+x_5$ 这四个数中不可能同时包含 6，7，8，9 这四个数（请读者验证）。这四个数与 $x_1，x_2，\cdots，x_5$ 总共九个数，但只能有 8 种取值，因此其中必有两数相等。

拉姆齐理论

拉姆齐是一位英国的天才科学家，虽然他只活了 26 岁，却对数理逻辑和经济学作出了不可磨灭的贡献。而作为研究逻辑的副产品，以他命名的拉姆齐理论已成为组合理论乃至数学的一个重要分支，在各个领域特别是计算机科学中有着重要应用，1928 年拉姆齐在他的一篇文章中提出以"任何一个足够大的结构中必定包含有一个给定大小的规则子结构"为核心内容的拉姆齐定理，这个定理的出发点非常奇特，看起来同数学没什么关系。

这个定理通俗点说是指任何一个集会、聚会或者宴会，参加者都是四面八方来的人，两人可能相互认识或相互不认识。拉姆齐的定理是讲，如果集会的总人数等于或超过 6 个人，那么其中至少有 3 人，这 3 个人互相都认识或者都不认识，但是如果人数少于 6 人，则这种情况不一定出现。

拉姆齐定理只不过是拉姆齐理论的出发点，它已经有了许多推广，但求拉姆齐数是一个极为困难的问题。

所谓的拉姆齐数，按照通俗的话说就是要找这样一个最小的数 N，使得 N 个人中有 k 个人相识或 1 个人不相识，$R（k，1）$ 就被称为拉姆齐数，是指任意给的人群中必有 k 人相识或必有 1 人彼此不相识的人群人数之最小值。

比如 R（3，3）＝6 就是一个中学生数学竞赛中常用的例子：任意选定 6 个人，这其中必有 3 个人两两互相认识；如果不是这样，就一定可以从这 6 个人中找出 3 个人，两两互相不认识——这是拉姆齐数中最简单的问题。对这样一个数理逻辑问题，可通过建立形式化的模型来分析，也可以用朴素的推理过程来做。这就是离散数学的魅力，也是拉姆齐数问题的魅力。

拉姆齐数的求解问题很困难，一方面，拉姆齐数作为组合数学问题，具有很大的魅力；另一方面，求解它却又十分困难。关于其求解难度，已故数学家 K. 爱尔多思曾作过如此比喻：某年某月某日，一伙外星强盗入侵地球，威胁道，若不能一年内求出 R（5，5），他们将灭绝人类；在此生死关头，人类应当召集全球所有的数学家和计算机专家，夜以继日地计算 R（5，5），以求人类免于灭顶之灾；而如果外星人要我们求得 R（6，6），我们就别无选择了，干脆直接开战，放手一搏。

国际知名数学家 B.D. 麦凯曾与我国南京大学张克民教授合作，用了 11 台高档 Sun 计算机，经过 2 万个小时的运算，才获得 R（3，8）的准确值。由此可见，要获得拉姆齐数某一准确值十分不易。

现在只知道 r（4，4）＝18，也就是只有 18 人或 18 人以上的集会中才一定有四个人互相认识或互相不认识，更大的拉姆齐数尚不知道。不过数学家拉姆齐已经证明，对与给定的自然数 k 及 1，r（k，1）是唯一确定的。

知识点

数理逻辑

1847 年，英国数学家布尔发表了《逻辑的数学分析》，建立了"布尔代数"，并创造了一套符号系统，利用符号来表示逻辑中的各种概念。布尔建立了一系列的运算法则，利用代数的方法研究逻辑问题，初步奠定了数理逻辑的基础。

数理逻辑又称符号逻辑、理论逻辑。它既是数学的一个分支，也是逻辑学的一个分支。是用数学方法研究逻辑或形式逻辑的学科。其研究对象是对证明和计算这两个直观概念进行符号化以后的形式系统。数理逻辑是数学基础的一个不可缺少的组成部分。虽然名称中有逻辑两字，但并不属于单纯逻辑学范畴。

千奇百怪的 数

理发师悖论

1903 年，英国唯心主义哲学家、逻辑学家、数学家罗素对集合论提出了以他名字命名的"罗素悖论"，这个悖论的提出几乎动摇了整个数学基础。

罗素悖论中有许多例子，其中一个很通俗也很有名的例子就是"理发师悖论"：某乡村有一位理发师，有一天他宣布：只给不自己刮胡子的人刮胡子。那么就产生了一个问题：理发师究竟给不给自己刮胡子？如果他给自己刮胡子，他就是自己刮胡子的人，按照他的原则，他又不该给自己刮胡子；如果他不给自己刮胡子，那么他就是不自己刮胡子的人，按照他的原则，他又应该给自己刮胡子。这就产生了矛盾。

悖论的提出，促使许多数学家去研究集合论的无矛盾性问题，从而产生了数理逻辑的一个重要分支——公理集合论。

各种方程的求解

一元二次方程的求解公式

由于解决实际问题的需要，古代数学家解决属于方程的问题是很早以前的事了。

一元一次方程的问题在 3000 多年前古埃及的纸草书中已经出现了，巴比伦人在公元前 18 世纪可能知道一些特殊的二三次方程的求解。后来的希腊、印度、中亚等国都对方程进行了广泛的研究。

我国研究方程的历史相当久远。儒家的经典《周礼》中介绍说，周朝学校教育以"六艺"为主，而"九数"是"六艺"之一。东汉郑玄解释说，方程是"九数"内容之一。

我国古代数学名著《九章算术》中有一次方程组的解法，唐朝的王孝通（约 626 年）研究过一元三次方程，宋朝的秦九韶 1241 年用"正负开方术"解高次方程，他的解法和 500 多年后的欧洲著名的霍纳法相似，我国的代数学到宋元时期最盛，当时的数学家都精于"天元"算法，朱世杰又推广成"四元"，就是高次方程或高次方程组应用问题的解法。可见，在我国，方程的研究不仅有悠久历史，而且取得了辉煌的成就。

在 19 世纪以前的漫长历史时期里，代数方程的求解一直是代数学的主要内容。代数与算术的根本区别就在于前者引入未知数，未知数可以参与运算，根据问题的条件列出方程，然后解方程求出未知数的值。

方程中最简单的是一元一次方程，然后从两个方向发展了方程理论，其一是从一元发展到多元，其二是由一次发展到高次。但多元方程组是通过消元化为一元方程求解的，而超越方程、无理方程、分式方程往往要约化为多项式方程（也称代数方程）求解，因此，方程论的基本问题是一元代数方程的求解。

一元二次方程的完全解决经历了较长的历史时期。在我国初中代数中介绍的是实系数一元二次方程的求解。如果是复数系数的又怎样求解呢？和实系数方程的推导相类似的，可以得到，复系数方程 $ax^2+bx+c=0$（$a\neq0$，a、b、c 为复数）有两个根为 $x_{1,2}=(-b\pm\sqrt{b^2-4ac})/2a$

注意，符号 $\sqrt{b^2-4ac}$ 不表示算术平方根而代表复数 b^2-4ac 的一个平方根。

例如，在方程 $x^2-(5-3i)x+10-5i=0$ 中，$b^2-4ac=-24-10i$，求出 $-24-10i$ 的一个平方根是 $1-5i$［因为 $(1-5i)^2=-24-10i$］，代入求根公式得 $x_1=3-4i$，$x_2=2+i$。

由此可知，一元二次方程的根可用方程的系数经代数运算（加、减、乘、除、乘方、开方）而得到，在数学中称为代数可解（由于有根式，也称根式可解）。这里一个尚待解决的问题是复数如何开平方？

经过研究得到如下的求解公式：

（1）当 $t\geqslant0$ 时，复数 $s+it$（s、t 是实数）的平方根为 $\pm\left(\sqrt{\dfrac{2+\sqrt{s^2+t^2}}{2}}+i\sqrt{\dfrac{-s+\sqrt{s^2+t^2}}{2}}\right)$，这里的二次根号表示算术平方根。

（2）当 $t<0$ 时，则为 $\pm\left(\sqrt{\dfrac{2+\sqrt{s^2+t^2}}{2}}-i\sqrt{\dfrac{-s+\sqrt{s^2+t^2}}{2}}\right)$，

由此可知，复系数的一元二次方程完全可以借系数的实平方根式表示出来，称之为一元二次方程的实根式可解。

一元三次和四次方程的破解

一元三次方程的求解是较晚的事。直到 1494 年意大利数学家帕乔利在他的著作《算术、几何、比与比例集成》中还宣称三次方程是不可解的。

帕乔利说，"$x^3+mx=n$，$x^3+m=nx$（m、n 是正数）现在之不可解，正像化圆为方问题一样"。

由于帕乔利及其著作的影响，极大地刺激了数学界的许多学者致力于三次方程的求解。直到 1545 年意大利数学家卡尔达诺出版了他的名作《大术》，一元三次方程的求根公式才第一次公诸于世。

在书中，卡尔达诺写道，"波仑亚的费罗差不多在 30 年以前就发现了这个法则，并把它传给威尼斯的菲俄，菲俄在他与布雷西亚的塔尔塔利亚竞赛时使塔尔塔利亚有机会发现这一法则，塔尔塔利亚在我的恳求下把这个方法告诉了我，但保留了证明。我在获得这种帮助下找出了它的各种形式的证明"。

一般地，人们先将一元三次方程 $ax^3+bx^2+cx+d=0$ 约化为 $x^3+px+q=0$，再用卡尔达诺公式得解

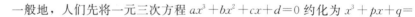

$$u=\sqrt[3]{-\frac{q}{2}+\sqrt{\frac{q^2}{4}+\frac{p^3}{27}}}+\sqrt[3]{-\frac{q}{2}-\sqrt{\frac{q^2}{4}+\frac{p^3}{27}}}$$

由此可知，一元三次方程可根式求解。

1572 年，意大利代数学家邦贝利在他的《代数》一书中讨论过一元三次方程 $x^3-15x-4=0$ 的求解问题，得到三个实根分别为 4，$-2\pm\sqrt{3}$。但用卡尔达诺公式却得到 $\sqrt[3]{2+11i}+\sqrt[3]{2-11i}$。这是由于 $\frac{q^2}{4}+\frac{p^3}{27}<0$ 造成的，在数学上叫不可约情形。可以证明不可约情形只能用虚数根式求解。事实上，与 $\sqrt{s+it}$ 能表示成 s、t 的实平方根式不一样，在一般情况下，$\sqrt[3]{s+it}$ 是不能表示为实数 s、t 的代数表达式的。

我们以求 $2+11i$ 的立方根 $u+iv$ 为例说明这个道理。

由 $2+11i=(u+iv)^3$ 以及复数相等的条件，可得方程组

$$\begin{cases} u^3-3uv^2=2 \\ 3u^2v-v^3=11 \end{cases}$$

消去 v 得 $4u^3-15u-2=0$，即 $(2u)^3-15(2u)-4=0$，利用卡尔达诺公式得

$$2u=\sqrt[3]{2+11i}+\sqrt[3]{2-11i}。$$

又归结为 $2+11i$ 的开立方，出现了恶性循环求解。因此对于不可约情形仅有卡尔达诺公式还是不够的。为此法国数学家韦达在《论方程的整理与修正》中，利用三角学中的三倍角公式：$\cos3\alpha=4\cos^3\alpha-3\cos\alpha$，得到三次方程 $x^3+px+q=0$ 的不可约情形的求根公式为

$$x_1=2\sqrt{-\frac{p}{3}}\cos\alpha,\ x_2=2\sqrt{-\frac{p}{3}}\cos(\alpha+120°),\ x_3=2\sqrt{-\frac{p}{3}}\cos(\alpha+240°),$$

其中 $\cos3\alpha=-\frac{q}{2}/\sqrt{-\frac{p^3}{27}}$，而 α 在 $0°$到 $60°$范围内取值。

这显然已超出了代数运算的范围。由此可知，一般地，一元三次方程是不能用实根式求解的。

顺便说一下，卡尔达诺公式不仅有"用虚数表示实根"的局限性，而且还有"用无理数表示有理根"的缺欠。如一元三次方程 $x^3-x-6=0$ 有一个整数根 2（另两根是虚数 $-1\pm\sqrt{2}i$），但使用卡尔达诺公式却得到 $\sqrt[3]{3+\frac{11\sqrt6}{9}}+\sqrt[3]{3-\frac{11\sqrt6}{9}}$，要能看出它等于 2 这绝非易事。

韦 达

一元四次方程是由卡尔达诺的弟子费拉里（1522～1565）解决的。他将四次方程化为两个二次方程或一个一次方程与一个三次方程求解，因而可以根式求解。但既然一元三次方程在一般情形中不能用实根式求解，故一元四次方程一般地也不能实根式可解。

求解高次代数方程

自 16 世纪中叶人们掌握了三次和四次方程的求解后，就迫切希望能找到五次和五次以上的代数方程的求根公式与解法。但是经过 200 多年的努力毫无进展，直到 18 世纪后半叶拉格朗日参与了代数方程的研究，才为正确解决这一问题开辟了道路。

拉格朗日，著名的法国数学家，他提出了与前人不同的解决思路：从二次、三次、四次方程的解法的分析入手，看看这些方法为何能解出根来，

然后再看看能否对五次或五次以上方程的求解提供什么启示。

拉格朗日引进了预解式概念及相应的方程解法。他的方法对二、三、四次方程很有效，但用到五次方程时却发现需要先求解一个还不知怎样求解的六次方程，求解工作变得复杂而又艰巨起来，这使他预感到五次方程可能是代数不可解的。后来他的弟子、意大利数学家鲁菲尼（1765～1822）用不严格的方法"证明"了，次数 $n \geq 5$ 时，方程不可能用系数的根式求解。

1826 年，年轻的挪威数学家阿贝尔终于证明了鲁菲尼—阿贝尔定理：一般地，五次和五次以上的代数方程是不能代数（根式）求解的。

但是，由于可根式求解的方程有多方面的应用，因此人们认为应该找出所有的能用根式求解的五次和更高次方程。这个问题无论是鲁菲尼还是阿贝尔都没有给予解决。

问题的解决还要等到伽罗瓦的出现。伽罗瓦是法国数学家，近世代数的创始人之一。幼年受到良好的教育，1827 年开始自学勒让德、拉格朗日、高斯等人的经典著作。后来他受到他的数学教师里夏尔的指导，开始研究代数方程理论。

从 1828 年开始，在仅仅几年里伽罗瓦获得了现在称之为伽罗瓦理论的许多重要结果，其中之一是五次和更高次方程的代数可解的判别准则，从而完全地解决了何时方程可代数求解的问题。

伽罗瓦

但是，伽罗瓦的理论长时期不为人们所理解，在 1829～1831 年里曾三次给巴黎科学院投寄论文，结果或被遗失或被退回，直至 1846 年，法国数学家刘维尔对伽罗瓦萌芽的置换群思想首先作出正确评价，并将他的遗作搜集起来，加上自己写的序言，发表在他创办的极有影响的数学杂志《纯粹和应用数学杂志》第 11 期上，向数学界做了推荐。

1870 年，法国数学家若尔当在他的著作《置换和代数方程论》中对伽罗瓦理论做了详尽介绍，从此，伽罗瓦理论才逐渐为世人所了解。他的理论不仅完全解决了代数方程的根式可解与否问题，而且对尺规作图的可能性证明起了重要作用，并为群论的产生做了重要的奠基工作。

但是，就此为止，求解高次代数方程的问题并未彻底解决，一些疑惑仍困扰着人们。例如，我们知道，用根式解代数方程其实质就是将方程的求解化归为解一串二项方程 $x^3 = A$，而早在 1786 年瑞典数学家布灵就证明了，大多数的五次方程能化简成只带有一个参数的具有确定形式的，如 $x^5 - x - A = 0$ 的方程。这个结果导致法国数学家埃尔米特在 1858 年用非代数的椭圆模函数来求解五次方程，就像韦达用三角函数求解三次方程的不可约情形一样。

于是，人们产生了这样的想法，能否将方程约化为一串只带有一个参数的简易方程。这显然是对根式求解问题的一种扩展。如果能够这样，人们只要针对参数的不同数值事先算出对应的根，列成数学用表，这样解方程只要查表就可以了。

后来有人证明了，六次方程不可能约化为只带有一个参数的具有确定形式的简易方程。于是，人们转而研究，每一代数方程究竟能约化归结为一个什么样的具有最少参数的简易方程？

这个问题经过像德国大数学家克莱因和希尔伯特的不懈努力，只得到了一些个别结果，直到现在还不能在一般形式下加以解决。

求解不定方程

未知数的个数多于方程个数时，其解一般是不确定的，因而称之为不定方程。对于不定方程通常只讨论整数解或有理数解。

在很长时期里，不定方程没有形成相应的理论，常常充满了各种各样的具体方程的特殊解法，这使得许多数学家感到厌倦，因此到 19 世纪末，不定方程这个课题已不那么令人感兴趣了。

1900 年，正当人类开始跨入新世纪的时候，第二届国际数学家大会在巴黎召开。德国大数学家希尔伯特站在这个世纪大门提出了著名的 23 个数学问题，其中第 10 个问题是，能否通过有限次运算来判定任意一个整系数不定方程有无整数解？这个问题重新唤起了人们对不定方程的热情。

经过大半个世纪的研究，1970 年，前苏联数学家马蒂雅谢维奇最终以否定形式解决了这个问题：一般的判定方法是不存在的。这就是说，人们只好针对具体的方程进行具体分析和解决。

虽然如此，由于不定方程在组合数学、群的理论、计算机编码等方面

有着重要应用，并且围绕着不定方程的基本问题：有无整数解？有多少个解？如何求出整数解？存在着大量的未解决问题，使得不定方程理论越来越活跃起来。

最简单一类不定方程是二元整式不定方程。这类方程的解应该如何求得呢？

假定二元一次不定方程

$$ax+by=c \qquad\qquad ①$$

其中整数 a 与 b 互素。它的全部整数解可表为

$$x=x_0+bt, \quad y=y_0-at \qquad\qquad ②$$

这里 x_0，y_0 是方程①的一组解称为特解。t 为任意整数。如何求特解，我们以不定方程 $7x+4y=100$ 为例加以说明。由公式②知，它的全部整数解为

$x=x_0+4t, \quad y=y_0-7t$。（t 为任意整数）

为了求特解，先求解方程 $7x+4y=1$（将方程①中的常数项 c 换成 1，称此方程为原方程的导出方程）。为此将 $\frac{a}{b}$ 即 $\frac{7}{4}$ 化成连分数

$\frac{7}{4}=1+\frac{3}{4}=1+\frac{1}{\frac{4}{3}}=1+\cfrac{1}{1+\frac{1}{3}}$。然后，去掉最后一个分数 $\frac{1}{3}$，计算连

分数的其余部分可得一分数 $\frac{a'}{b'}$：$1+\frac{1}{1}=\frac{2}{1}$，则在 $x=\pm b'$，$y=\pm a'$ 所组成的四组数中必有一组是导出方程的解。在此例中，$x_1=-1$，$y_1=2$。即 $7x_1+4y_1=1$，用 100 乘两边得

$7(100x_1)+4(100y_1)=100$，于是，$x_0=100x_1=-100$，$y_0=100y_1=200$ 为原方程的一组特解，从而原方程的全部整数解为

$x=4t-100, \quad y=200-7t$（t 为任意整数）。

借此我们可以求正整数解。这只需令

$4t-100>0, \quad 200-7t>0$ 即

$25<t<\frac{200}{7}<29$，取 $t=26$，27，28，分别得

$$\begin{cases}x=4\\y=18\end{cases}, \quad \begin{cases}x=8\\y=11\end{cases}, \quad \begin{cases}x=12\\y=4\end{cases}$$

由此例求解可知，二元一次不定方程①的求解已完全解决了。

二元二次不定方程通常都有无穷多个整数解。著名的佩尔方程 x^2-

$Dy^2=1$ 就是一个典型例子（这里正整数 D 不是完全平方数），例如，方程 $x^2-2y^2=1$，很容易发现 $x_1=3$，$y_1=2$ 是此方程的一组整数解。令

$$\begin{cases} x_{n+1}=3x_n+4y_n \\ y_{n+1}=2x_n+3y_n \ (n=1,\ 2\cdots\cdots) \end{cases} \quad ③$$

则

$x_{n+1}^2-2y_{n+1}^2=(3x_n+4y_n)^2-2(2x_n+3y_n)^2=x_n^2-2y_n^2$，由此知，只要 x_n，y_n 是方程的一组解，则按公式③得到的 x_{n+1}，y_{n+1} 也是一组解。因此，由最初的解 $x_1=3$，$y_1=2$ 可得第二组解 $x_2=17$，$y_2=12$，进而又得第三组解 $x_3=99$，$y_3=70$，如此无限递推下去，可得出无穷多个解。

最后，我们来讨论二元三次或三次以上的不定方程的解的情形。1909年，挪威数学家图埃发表论文证明了一个著名的结论：

设 $n\geqslant 3$，$f(u)=a_0u^n+a_1u^{n-1}+\cdots+a_{n-1}u+a_n$ 是一个整系数 n 次多项式，它在有理数集上不能因式分解，则不定方程

$a_0x^n+a_1x^{n-1}y+\cdots+a_{n-1}xy^{n-1}+a_ny^n=C$ 仅有有限多组整数解 x，y，其中 C 是已知的整数。

这项工作是不定方程理论中第一个带有普遍性的结果，受到了数学界的高度重视。图埃定理从宏观上确定了整数解的有限性，但每个方程究竟有多少个解，仍需根据具体情况来探讨，这个研究过程常常是很困难的，自然也会留下大量的未解决的难题。

1982年由于编码理论的需要，布伦纳等人提出求解二元三次方程 $y^2=4x^3+13$，不久，四川大学的孙琦教授证明了它仅有四组解 $(-1,\ \pm 3)$，$(3,\ \pm 11)$。

1969年英国大数学家莫德尔（1888～1972）提出问题：二元三次方程 $6y^2=(x+1)(x^2-x+6)$ 的全部整数解是否由 $x=-1$，0，2，7，15 和 74 给出？

1981年数学家盖伊将其列入数论中未解决的问题之一。1987年，重庆师范学院的罗明证明了上述方程的全部整数解仅由 $x=-1$，0，2，7，15，74 和 767 给出。其中 $x=767$ 是莫德尔未曾提到的。

对于二元四次方程 $x^2=2y^4-1$，早在200年前就得知有两个解 $(1,1)$ 和 $(239,13)$。但直到1942年挪威数学家隆格伦用了大量现代数论的成果才证明了它只有这两个正整数解。鉴于他的方法过于复杂而又不初等，莫德尔提出，能否找到一个简单的或初等的证明？这个问题至今未有答案。

1842年，比利时数学家卡塔朗（1814～1894）猜想，除了 8（$=2^3$）

与 9（$=3^2$）外，不会再有两个连续整数都是正整数的幂。就是说，不定方程

$$x^m - y^n = 1,\ m > 1,\ n > 1,$$ 除了 $x = 3$，$m = 2$，$y = 2$，$n = 3$ 外，没有其他的正整数解。

经过 100 多年的努力，人们只是解决了一些特殊情形的卡塔朗猜想。例如，

当 m 取奇素数 p，$n = 2$ 时，可以证明方程 $x^p - y^2 = 1$ 没有正整数解。

当 n 取奇素数 p，$m = 2$ 时，证明变得困难得多。其中 $p = 3$ 的情形，早已由欧拉证明只有一组正整数解 $x = 3$，$y = 2$。对于 $p > 3$ 的情形，许多数学家都做了不少工作。最后，在 1962 年由四川大学的柯召教授证明，此时方程没有正整数解。

希尔伯特

希尔伯特（1862～1943），德国数学家，是 19 世纪和 20 世纪初最具影响力的数学家之一。他因为发现和发展了大量的思想观念（如不变量理论、公理化几何、希尔伯特空间）而被尊为伟大的数学家、科学家。希尔伯特和他的学生为形成量子力学和广义相对论的数学基础作出了重要的贡献。他还是证明论、数理逻辑、区分数学与元数学之差别的奠基人之一。他在数学上的领导地位充分体现于：1900 年，在巴黎举行的第 2 届国际数学家大会上，年仅 38 岁的希尔伯特作了题为《数学问题》的著名讲演，提出了新世纪所面临的 23 个问题。这 23 个问题涉及了现代数学的大部分重要领域。对这些问题的研究，有力地推动了 20 世纪各个数学分支的发展。

 延伸阅读

希尔伯特问题

希尔伯特的 23 个问题分属四大块：第 1 到第 6 问题是数学基础问题；

第 7 到第 12 问题是数论问题；第 13 到第 18 问题属于代数和几何问题；第 19 到第 23 问题属于数学分析问题。

这些问题简单表述如下：（1）康托的连续系统基数问题。（2）算术公理系统的无矛盾性。（3）只根据合同公理证明等底等高的两个四面体有相等之体积是不可能的。（4）两点间以直线为距离最短线问题。（5）拓扑学成为李群的条件（拓扑群）。（6）对数学起重要作用的物理学的公理化。（7）某些数的超越性的证明。（8）素数分布问题，尤其对黎曼猜想、哥德巴赫猜想和孪生素共问题。（9）一般互反律在任意数域中的证明。（10）能否通过有限步骤来判定不定方程是否存在有理整数解？（11）一般代数数域内的二次型论。（12）类域的构成问题。（13）一般七次代数方程以二变量连续函数之组合求解的不可能性。（14）某些完备函数系的有限的证明。（15）建立代数几何学的基础。（16）代数曲线和曲面的拓扑研究。（17）半正定形式的平方和表示。（18）用全等多面体构造空间。（19）正则变分问题的解是否总是解析函数？（20）研究一般边值问题。（21）具有给定奇点和单值群的 Fuchs 类的线性微分方程解的存在性证明。（22）用自守函数将解析函数单值化。（23）发展变分学方法的研究。

数海采奇拾趣

　　走进数字的海洋，就是走进了一个奇妙有趣的世界，在这里你会看到奇妙的数字塔，认识有趣的平方数，见识神奇的0和神秘的5，感受特别的"缺8"数，领略黄金数0.618创造的美妙与神奇，明白计算机的计数方法，了解数字密码的设置与玄机，懂得运动场上的数字奥秘……

奇妙的数字塔

看看下面这些有趣的计算吧！

$1 \times 9 + 2 = 11$

$12 \times 9 + 3 = 111$

$123 \times 9 + 4 = 1111$

$1234 \times 9 + 5 = 11111$

$12345 \times 9 + 6 = 111111$

$123456 \times 9 + 7 = 1111111$

$1234567 \times 9 + 8 = 11111111$

$12345678 \times 9 + 9 = 111111111$

$81 + 9 = 90$

$882 + 9 = 891$

$8883 + 9 = 8892$

$88884 + 9 = 88893$

$888885 + 9 = 888894$

……

$81 - 9 = 72$

$882-9=873$

$8883-9=8874$

$88884-9=88875$

……

$81÷9=9$

$882÷9=98$

$8883÷9=987$

$88884÷9=9876$

$888885÷9=98765$

你能找到这些数字的变化规律吗？

再算算下面各个数字塔的结果，说说它们有什么规律？

A.

$6×9=54$

$616×9=5544$

$61716×9=555444$

$6172716×9=55554444$

B.

$7×9=63$

$707×9=6363$

$70707×9=636363$

$7070707×9=63636363$

C.

$11^2=121$

$111^2=12321$

$1111^2=1234321$

$11111^2=123454321$

……

D.

$1^2=1$

$(1+1)^2=1+2+1$

$(1+1+1)^2=1+2+3+2+1$

$(1+1+1+1)^2=1+2+3+4+3+2+1$

$(1+1+1+1+1)^2=1+2+3+4+5+4+3+2+1$

数字 7

$(1+1+1+1+1+1)^2=1+2+3+4+5+6+5+4+3+2+1$

这里有一座八层宝塔，由一串等式组成。在每个等式里，左端各数的数字从前往后顺次加1，右端各数的数字从前往后顺次减1。

$1×8+1=9$

$12×8+2=98$

$123×8+3=987$

$1234×8+4=9876$

$12345×8+5=98765$

$123456×8+6=987654$

$1234567×8+7=9876543$

$12345678×8+8=98765432$

用上面这座宝塔右边各数改做左边，可以得到另一座数的宝塔如下。

$9×9+7=88$

$98×9+6=888$

$987×9+5=8888$

$9876×9+4=88888$

$98765×9+3=888888$

$987654×9+2=8888888$

$9876543×9+1=88888888$

$98765432×9+0=888888888$

通过变形，还能由此得到新的数塔。

例如，取出第一座数塔的最下面一行：

$12345678×8+8=98765432$。

把它的两边同时加上左边第一个数12345678，然后两边加1，成为

$12345678×8+12345678+8+1$

$=98765432+12345678+1$，

也就是

$12345678×9+9=111111111$。

从这一行往上面去，每一行都做类似变形，就得到形状完全不同的另一个数塔。

所得的新数塔也有八层，再另加一层类似结构的塔尖，就得到九层数塔了。

 知识点

"7"

在人们的日常生活中，频频遇到"7"，但没有人注意，"7"是个有趣的数字。

柴米油盐酱醋茶囊括了人们的生活必需品，喜怒哀乐悲哀恐表达了人们的七情。佛教中的"七级浮屠"，变化莫测的"七巧板"，音乐中的"七音阶"，人体中的"七窍"，地球上的"七大洲"，每周的"七天"，颜色中的"赤橙黄绿蓝靛紫"，天文中的二十八宿的东西南北四方的"七宿"。

我国古代文学作品的"七"更多。西汉权乘的《七发》诗，之后桓麟的《七说》、桓彬的《七设》、傅毅的《七激》、刘广的《七兴》、崔姻的《七依》、崔琦的《七蠲》、张衡的《七辨》、马融的《七广》、刘梁的《七举》、五粲的《七驿》、徐于的《七喻》、刘勰的《七略》。传说中的"七仙女"、"七夕相会"、"七擒孟获"等数不胜数。

为什么都喜欢用"7"呢？美国心理学家米勒教授认为，每个人一次记忆的最大限度是7，超过这个限度，记忆效率开始下降。因此，米勒把"7"称为"不可思议的数字"。

 延伸阅读

《西游记》里的倒数诗

在中国古典神话小说《西游记》里，说到唐僧和他的徒弟孙悟空、猪八戒、沙和尚去西天取经，在平顶山莲花洞消灭了想吃唐僧肉的妖怪金角大王和银角大王。然后师徒们继续赶路，又遇上一座巍峨险峻的大山。一面赶路，一面观景，不觉天色已晚。

故事发展到这里，小说中写道：

……师徒们玩着山景，信步行时，早不觉红轮西坠。正是：

十里长亭无客走，九重天上观星辰。

八河船只皆收港，七千州县尽关门。

六宫五府回官宰，四海三江罢钓纶。

两座楼头钟鼓响，一轮明月满乾坤。

这首诗从十、九、八、七，说到六、五、四、三、两、一，星月点缀夜色，收工了，下班了，关门了，路上没人了，取经赶路的也该找个地方休息了。

为了取经，跋山涉水已经苦不堪言，降妖伏魔更是险象环生，害得猪八戒想回家，唐僧心里直打鼓。幸好有孙悟空不断给一行人鼓劲，看看沿途深山老林幽静风光，放松放松。小说里这首写景诗，也正是在紧张情节中夹进一点轻松花絮，稍稍缓一口气。诗中嵌进全部十个数字，而且从大往小，倒过来数，成为别具一格的"倒数诗"，更增加了趣味。

有趣的平方数

数字不重复的平方数

观察只含两位数字的完全平方数：

$16 = 4^2$，$25 = 5^2$，$36 = 6^2$，

$49 = 7^2$，$64 = 8^2$，$81 = 9^2$

其中每个平方数都是两位数字互不相同。

含有三位数字的完全平方数，情况就不一样了。例如

$100 = 10^2$，$121 = 11^2$，$144 = 12^2$，

这些平方数都包含重复数字。不过，也有许多三位平方数的各位数字互不相同，例如

$169 = 13^2$，$196 = 14^2$，

$256 = 16^2$，$625 = 25^2$，等等。

含有四位数字的完全平方数，包含重复数字的现象更为普遍。一个典型例子是

$1444 = 38^2$。

不含重复数字的四位平方数也很多，例如

$1024 = 32^2$，$2401 = 49^2$，

$1369 = 37^2$，$1936 = 44^2$，等等。

如果一个平方数有九位数字，每位数字各不相同，并且不含数字 0，那么在这个数中，从 1 到 9 全都出现，全只出现一次……不过，有这样的平方数吗？

有，而且不止一个。其中最小的是

$139854276 = 11826^2$，

最大的是

$923187456 = 30384^2$。

"看"出完全平方数

不许做计算，只用眼睛看看，能否知道 48088 是不是完全平方数？

要想"看"出是不是平方，可以尝试观察末位数字。

平方数的末位数字不能是 8。而五位数 48088 的末位数字是 8，所以它一定不是完全平方数。

能不能把 48088 的各位数字重新排列，使它变成一个完全平方数呢？

原数的五位中，只包含 4、8、0 三种不同数字，而平方数的末位数字不能是 8，所以如果能重排成完全平方数，重排后的末位数字只能是 4 或 0。

但是，完全平方数的末位数字如果是 0，那么末两位数字都必须是 0，而 48088 只有一个 0，所以末位数字一定是 4。

数字 4

以 4 结尾只有三种可能：80884，88084，88804。

经过检验，其中唯一的完全平方数是

$88804 = 298^2$。

在平方数的问题中，观察末位数字有助于缩小搜索范围。

千奇百怪的数

平方数

　　数学上，平方数，或称完全平方数，是指可以写成某个整数的平方的数，即其平方根为整数的数。例如，9＝3×3，它是一个平方数。平方数的特点：①一个平方数是两个相邻三角形数之和。两个相邻平方数之和为一个中心正方形数。所有的奇数平方数同时也是中心八边形数。②四平方和定理说明所有正整数均可表示为最多四个平方数的和。特别的，三个平方数之和不能表示形如 $4k(8m+7)$ 的数。若一个正整数可以表示因子中没有形如 $4k+3$ 的素数的奇次方，则它可以表示成两个平方数之和。③平方数必定不是完全数。

数字信

　　有一个人，干起工作来很认真，技术又好，不过有个缺点，喝起酒来就一醉方休。喝醉了酒，不是骂人，就是打架。亲戚朋友都劝他少喝酒，甚至不喝，他却总是改不了。

　　一天，这位爱喝酒的人收到小外甥的一封信。拆开一看，信纸上写的全是数字：

99

8179 7954

76229 8406 9405

769 18934

1.291817

　　奇怪呀，这么多数字，什么意思？怎么一点点文字说明都没有呢？

　　后来，这个人请一位数学老师解读了出来——

　　舅舅

不要吃酒 吃酒误事

吃了二两酒不是动怒，就是动武

吃了酒 要被酒杀死

一点儿酒也不要吃

这个人听了，脸红到耳根，连声说道："不吃了！不吃了！"

能被整除的各种数

能被 2 和 5 整除的数

一个数的末一位数能被 2 和 5 整除，这个数就能被 2 和 5 整除。具体地说，个位上是 0、2、4、6、8 的数，都能被 2 整除。个位上是 0 或是 5 的数，都能被 5 整除。

例如：128、64、30 的个位分别是 8、4、0，这三个数都能被 2 整除。281、165、79 的个位分别是 1、5、9，那么这三个数都不能被 2 整除。

在上面的 6 个数中，30 和 165 的个位分别是 0 和 5，这两个数能被 5 整除，其他各数均不能被 5 整除。

能被 3 和 9 整除的数

一个数各个数位上的数的和能被 3 或 9 整除，这个数就能被 3 或 9 整除。

$7+4+1+6=18$，18 能被 3 整除，也能被 9 整除，所以 7416 能被 3 整除，也能被 9 整除。

再如：5739 各个数位上的数之和是：$5+7+3+9=24$，24 能被 3 整除，但不能被 9 整除，所以 5739 能被 3 整除，而不能被 9 整除。

能被 4 和 25 整除的数

一个数的末两位数能被 4 或 25 整除，这个数就能被 4 或 25 整除。具体地说，一

数字 3

个数的末两位数是 0 或是 4 的倍数，这个数就是 4 的倍数，能被 4 整除。一个数的末两位数是 0 或是 25 的倍数，这个数就是 25 的倍数，能被 25 整除。

例如：324，4200，675，三个数中，324 的末两位数是 24，24 是 4 的倍数，所以 324 能被 4 整除。675 的末两位数是 75，75 是 25 的倍数，所以 675 能被 25 整除，4200 的末两位数都是 0，所以 4200 既能被 4 整除，又能被 25 整除。

能被 8 和 125 整除的数

一个数的末三位数能被 8 或 125 整除，这个数就能被 8 或 125 整除。具体地说，一个数的末三位数是 0 或是 8 的倍数，就能被 8 整除；一个数的末三位数是 0 或是 125 的倍数，就能被 125 整除。

例如：2168、32000、1875，三个数中，2168 的末三位数是 168，168 是 8 的倍数，所以 2168 能被 8 整除。1875 的末三位数是 875，875 是 125 的倍数，所以 1875 能被 125 整除。32000 的末三位数都是 0，所以 32000 既能被 8 整除，又能被 125 整除。

能被 7、11 和 13 整除的数

一个数末三位数字所表示的数与末三位以前的数字所表示的数的差（以大减小），能被 7、11、13 整除，这个数就能被 7、11、13 整除。例如：128114，由于 128－114＝14，14 是 7 的倍数，所以 128114 能被 7 整除。94146，由于 146－94＝52，52 是 13 的倍数，所以 94146 能被 13 整除。64152，由于 152－64＝88，88 是 11 的倍数，所以 64152 能被 11 整除。

能被 11 整除的数，还可以用"奇偶位差法"来判定。一个数奇位上的数之和与偶位上的数之和相减（以大减小），所得的差是 0 或是 11 的倍数时，这个数就能被 11 整除。

例如：64152，奇位上的数之和是 6＋1＋2＝9，偶位上的数之和是 4＋5＝9，9－9＝0，可判断出 64152 能被 11 整除。

知识点

奇偶位差法

奇偶位差法就是奇数位与偶数位的差是 0 或 11 的倍数。

例如：判断 4398，1837，48321 能否被 11 整除？

（1）4＋9＝13

3＋8＝11

4398 不是

（2）1＋3＝4

8＋7＝15

1837 是

（3）4＋3＋1＝8

8＋2＝10

48321 不是

数字黑洞"西西弗斯串"

在古希腊神话中，科林斯国王西西弗斯被罚将一块巨石推到一座山上，但是无论他怎么努力，这块巨石总是在到达山顶之前不可避免地滚下来，于是他只好重新再推，永无休止。著名的西西弗斯串就是根据这个故事而得名的。

什么是西西弗斯串呢？也就是任取一个数，例如35962，数出这数中的偶数个数、奇数个数及所有数字的个数，就可得到2（2个偶数）、3（3个奇数）、5（总共五位数），用这3个数组成下一个数字串235。对235重复上述程序，就会得到1、2、3，将数串123再重复进行，仍得123。对这个程序和数的"宇宙"来说，123就是一个数字黑洞。

是否每一个数最后都能得到123呢？用一个大数试试看。例如：88883337777444992222，在这个数中偶数、奇数及全部数字个数分别为11、9、20，将这3个数合起来得到11920，对11920这个数串重复这个程序得到235，再重复这个程序得到123，于是便进入"黑洞"了。

这就是数字黑洞"西西弗斯串"。

神奇的 0

千奇百怪的数

可以说，自然数是从表示"有"多少的需要中产生的。在实践中还常常遇到没有物体的情况。例如：盘子里一个苹果也没有。为了表示"没有"，就产生了一个新的数"零"。

在公元前约 2000 年至 1500 年左右，最古老的印度文献中已有"0"这个符号的应用，"0"在印度表示空的位置。后来这个数字从印度传入阿拉伯，意思仍然表示空位。

我国古代没有"0"这个符号，最初都用"不写"或"空位"来做解决的方法。《旧唐书》和《宋史》在讲到历法时，都用"空"字来表示天文数据的空位。南宋时蔡元定《律吕新书》把 118098 记作："十一万八千口九十八"，可见当时是用口表示"0"，后来为了贪图书写时方便将口顺笔改成为"0"形，与印度原先的"0"意义相通。

"零"是一个数，记作"0"，"0"是整数，但不是自然数，它比所有的自然数都小。"0"作为一个单独的数，不仅可以表示"没有"，而且是一个有完全确定意义的数，是一个起着很多重要作用的数。具体作用有：

水在 0 摄氏度时结冰

（1）表示数的某位上没有单位，起到占位的作用。例如：103.04，表示十位和十分位上一个数也没有。0.10 为近似数时，表示精确到百分位。5.00 元表示特别的单价是 5 元整。

（2）表示某些数量的界限。例如在数轴上 0 是正数与负数的界限。"0"既不是正数，也不是负数。在摄氏温度计上"0"是零上温度与零下温度的分界。

（3）表示温度。在通常情况下水结冰的温度为摄氏"0"度。说今天的气温为零度，并不是指今天没有温度。

（4）表示起点。如在刻度尺上，刻度的起点为"0"。从甲城到乙城的公路上，靠近路边竖有里程碑，每隔 1 千米竖一个，开始第一个桩子上刻的是"0"，表明这是这段公路的起点。

在四则运算中，零有着特殊的性质。

（1）任何数与 0 相加都得原来的数。例如：$9+0=9$，$0+32=32$。

（2）任何数减去 0 都得原来的数。例如：$9-0=9$，$58-0=58$。

（3）相同的两个数相减，差等于 0。例如：$5-5=0$，$756-756=0$。

（4）任何数与 0 相乘，积等于 0。例如：$5×0=0$，$0×98=0$

（5）0 除以任何自然数，商都等于 0。例如：$0÷5=0$，$0÷768=0$。因此 0 是任意自然数的倍数。

（6）0 不能做除数。因为任何自然数除以零，都得不到准确的商。例如：$5÷0$，找不到一个与 0 相乘可以得 5 的数。零除以零时有无数个商，因为任何数与 0 相乘都能得到 0，所以像 $5÷0$、$0÷0$ 都无意义。

为什么除以 0 是禁区呢？下面我们来探讨一下这个问题：

在这里，不是我们不能定义除以 0。例如，我们可以坚持说，任何数除以 0 都等于 42。我们无法作出这样的定义，同时仍然让所有运算法则正常生效。如果采用这种显然很愚蠢的定义，那么从 $1÷0=42$ 开始，应用标准运算法则可以推断出 $1=42×0=0$。

在考虑除以 0 之前，我们必须对希望除法遵循的法则达成一致意见。老师一般都会这样介绍，除法是一种与乘法相对的运算。6 除以 2 等于几？得到的值就是乘以 2 得 6 的数，也就是 3。因此下面两个等式在逻辑上是等价的：

$6÷2=3$ 和 $6=2×3$

3 是这里唯一有效的数，因此 $6÷2$ 是无歧义的。

遗憾的是，当我们尝试定义除以 0 时，这种方法遇到了很大的问题。6 除以 0 得几？它是乘以 0 得 6 的数。但是我们知道，任何数乘以 0 都得 0，无法得到 6。

因此 $6÷0$ 不成立。任何除以 0 的数都是如此，也许除了 0 本身。$0÷0$ 等于几？

通常，如果将一个数除以它本身，得到的值为 1。因此我们可以定义 $0÷0=1$。而 $0=1×0$，因此与乘法的关系不冲突。然而，数学家坚持认为 $0÷0$ 没有意义。他们担心的是如果采用另一种算法规则，假设 $0÷0=1$，那么 $2=2×1=2×（0÷0）=（2×0）÷0=0÷0=1$ 这显然是不成立的。

这里的主要问题是：由于任何数乘以0都等于0，因此我们推断出0÷0可以是任何数。如果这种算法成立，而且除法是乘法的逆运算，那么0÷0可以是任何数值。它不是唯一的，所以最好避免这种情况。

等一下，如果一个数除以0，难道不是得到无穷大吗？

是的，有时数学家使用这种约定。但是当他们这么做时，必须相当小心地检查他们的逻辑，因为"无穷大"是不可捉摸的概念。它的意思取决于上下文，特别要注意的是，你无法假设它能像普通数一样运算。

即使让0÷0等于无穷大有意义，这个问题仍然令人头疼不已。

蔡元定

蔡元定（1135～1198），学者称西山先生，建宁府建阳县（今属福建）人。南宋著名理学家、律吕学家、堪舆学家，朱熹理学的主要创建者之一，被誉为"朱门领袖"、"闽学干城"。幼从其父学，及长，师事朱熹，朱熹视为讲友，博涉群书，探究义理，一生不涉仕途，不干利禄，潜心著书立说。为学长于天文、地理、乐律、历数、兵阵之说，精识博闻。著有《律吕新书》《西山公集》等。

巧算星期几

我们生活中时时刻刻都离不开"星期几"，现在给你介绍一个简便的计算方法——只记一个数，可知一个月中的任何一天为星期几。

比如，记住一个"4"，这个"4"是上个月最后一天的星期数。我们就可以算出本月中任意一天是星期几。

公式为：（上月最后一天的星期数＋本月某一天的日期数）÷7，余数是几，就是星期几（余数为0是星期日）。

比如上个月最后一天是星期日，那么这个月的12日是星期几？

因为 (7＋12) ÷7＝2……5，所以这个月的 12 日是星期五。当然，将星期日当做 0 也是一样的。

神秘的数字5

"5" 这个数在日常生活中到处可见，钞票面值有 5 元、5 角、5 分；秤杆上，表示 5 的地方刻有一颗星；在算盘上，一粒上珠代表 5；正常情况下，人的每只手有 5 个手指，每只脚有 5 个足趾；不少的花，如梅花、桃花都有 5 个花瓣；海洋中的一种色彩斑斓的无脊椎动物海星，它的肢体有 5 个分叉，呈五角星状。

总之，"5" 这个数无所不在。当然数学本身不能没有它。

数字 5

在数学上，有而且只有 5 种正多面体——正四面体、正六面体（立方体）、正八面体、正十二面体与正二十面体。平面上的五个点唯一地确定一条圆锥曲线；5 阶以下的有限群一定是可交换群；一般的二次、三次和四次代数方程都可以用根式求解，但一般的五次方程就无法用根式来求解。5 还是一个素数，5 和它前面的一个素数 3 相差 2，这种差 2 的素数在数论中有个专门名词叫孪生素数。人们猜测孪生素数可能有无穷多，而 3 和 5 则是最小的一对孪生素数。

若干年前，美国数学家马丁·加德纳曾描述过一个有趣的人物——矩阵博士。

矩阵博士是个美国人，他的妻子是日本人，但早已亡故只留下一个混血种的女儿伊娃。他们父女二人相依为命，博士常带着女儿漂洋过海，闯荡江湖，在世界各地都有他们的足迹。

矩阵博士对数论、抽象代数有许多精辟之见。虽然他说的话乍一听似乎荒诞不经，可拿事实去验证他所说的离奇现象与规律时，却又发现博士的"预言"都是正确的。

有一次，博士来到印度的加尔各答。他说古道今，大谈"无所不在的5"。

矩阵博士指出，在印度的寺庙里，供奉着许多魔金刚，信仰这些金刚的教派之中心教义一共有5条，其中一条是所谓宇宙的永动轮回说，即认为宇宙经过5百亿年的不断膨胀后，又要经过5百亿年的不断收缩，直到变成一个黑洞，然后又开始下一轮的膨胀与收缩。如此周而复始，循环不已。降魔金刚手中，还拿着宇宙膨胀初期的"原始火球"呢？在这里，博士曾几次提到5这个数字。

英国的向克斯曾把 π 的小数值算到707位，以前这被认为是一项了不起的工作。自从近代电子计算机发明以后，他的工作简直不算一回事了。现在求 π 值的记录一再被打破，最新的记录是60亿亿位，这是由超级计算机计算出来的。有意思的是，矩阵博士在这项计算以前，就做了大胆的预言，他说第100位数必定是个5，结果真是如此！这究竟是用什么办法知道的呢？博士却秘而不宣。

循环往复的周期现象，在科技史上曾起过重大作用，门捷列夫发现元素周期表，就是突出的一例。下面请读者来看一下与5有关的有趣现象。

请任选两个非0的实数，如 π 与76，并准备一个袖珍电子计算器。假定计算器数字长八位，那么，这八位数值是3.1415926。现在请把上面的两位数76加上1作为被除数，把第一个数作为除数做一下除法，即：

(76＋1)÷3.415926＝24.509861 我们把显示在计算器上的24.509861称为第三数，然后再重复上述过程，把第三数加上1，把第二数作为除数，这就得到了第四位数：0.335656，依此类推，可得到第五数、第六数……

也许读者会认为，这些数字都没有规律可循，照这样下去，真是"味同嚼蜡"。然而，当算到第六数时，你将会大吃一惊，原来第六数是3.1415931，略去这一数字后面两位因计算时四舍五入造成差异的小数，它竟和第一数的 π 相等，π 又回来了！

如果你还不太相信，不妨再挑选一些整数，结果保证令人满意。我们可以得出结论，5是一个循环周期，第六数与第一数完全一样，第七数与第二数完全一样……要知道，这一个秘密最初也是矩阵博士想到的呢！

矩阵博士是否真有其人，我们且不去计较，可是这神奇的、无所不在的5却不能不引起人们的极大兴趣，引诱人们去探索和研究。

知识点

马丁·加德纳

马丁·加德纳（1914～2010），美国数学家和著名的数学科普作家。1936年毕业于芝加哥大学，学的专业是哲学。他是公认的美国当代最伟大的数学科普作家，他没有数学博士学位，但是他的作品能让数学家也为之着迷；他精通魔术，并且擅长揭露形形色色的伪科学；有些人抱怨他的批评严厉、呆板、无趣，然而在生活中他是一个羞涩而低调的人；他的作品带领读者在世界各地神游，但是他本人却长年住在北加利福尼亚的家中，很少出门；他已经写了上百本书——也许只有科普作家阿西莫夫的作品数量能超过他。

慢一拍的数

某数除以2余1，除以3余2，除以4余3，除以5余4，求某数。

上面这道求数字题，现今常能遇到。不过它的岁数已经不小了，早在1703年俄国人马格尼茨基的《算术》书中就已出现，至今将近300年，讲数学的人还是喜欢拿它做习题或例题，学数学的人解起它来还是觉得津津有味。

从题目的内容上看，这个"某数"总是慢一拍：除以2余1，余数比除数少1；除以3余2，除以4余3，除以5余4，每次的余数仍然都是比除数少1。少了1就麻烦，要是不缺少这个1，每次就都能整除，那多方便！

不错，让某数加上1，结果就能被2整除、被3整除、被4整除、被5整除。因而，某数加1以后，是2、3、4、5的公倍数。

2、3、4、5的最小公倍数是60，所以某数加1是60的倍数。

由此推出，某数等于60的任一倍数减1。所以某数可取无穷多个值，其中最小的值是59。

奇妙的 9

千奇百怪的 数

爱因斯坦出生在 1879 年 3 月 14 日，把这些数字连在一起，就成了 1879314。重新排列这些数字，任意构成一个不同的数（例如 3714819），在这两个数中，用大的减去小的（这个例子是 3714819－1879314＝1835505）得到一个差数。把差数的各个数字加起来，如果是二位数，就再把它的两个数字加起来，最后的结果是 9（即 $1+8+3+5+5+0+5=27$，$2+7=9$）。实际上，把任何人的生日写出来，做同样的计算，最后得到的都是 9。

数字 9

把一个大数的各位数字相加得到一个和；再把这个和的各位数字相加又得到一个和；这样继续下去，直到最后的数字之和是一位数字为止。最后这个数称为最初那个数的"数字根"。这个数字根等于原数除以 9 的余数，这个过程常称为"弃九法"。求一个数的数字根，最快的方法是加原数的数字时把 9 舍去。例如求 385916 的数字根，其中有 9，且 $3+6$，$8+1$ 都是 9，就可以舍去，最后剩下就是原数的数字根。

由此我们可以解释生日算法的奥妙。假定一个数 n 由很多数字组成，把 n 的各个数字打乱重排得到 n'，显然 n 和 n' 有相同的数字根，即 $n-n'$ 一定是 9 的倍数，它的数字根是 0 或 9，所以，只要 $n\neq n'$，$n-n'$ 累积求数字和所得的结果就一定是 9。

中国人喜欢说"九"。唐代诗人刘禹锡在《浪淘沙九首》里写道：

九曲黄河万里沙，浪淘风簸自天涯。

如今直上银河去，同到牵牛织女家。

民谣里说：天下黄河九十九道弯。实际上黄河的弯曲多得数不清，"九曲"或"九十九道弯"都只是用数字 9 来形容多。

在数学上，数字 9 有很多有趣的性质。例如，如果一个数的各位数字都是 9，那么它的平方就会出现一种循环：

$9^2 = 81$，$8+1=9$；

$99^2 = 9801$，$98+01=99$；

$999^2 = 998001$，$998+001=999$；

$9999^2 = 99980001$，$9998+0001=9999$；

……

在上面这些等式中，把平方的结果分成左右两半，再把这两部分相加，所得的和正好等于原数。

如果把平方换成立方，会出现什么情况呢？试试看。

$9^3 = 729$，$7+2=9$；

$99^3 = 970299$，$97+02=99$；

$999^3 = 997002999$，$997+002=999$。

下面一个轮到 9999^3 了。不做运算，能够猜出得数来吗？按照以上三个式子类推，似乎应该是

$9999^3 = 999700029999$，$9997+0002=9999$。

当然这只是一个猜想，究竟对不对，还要实际算下来才知道。利用上面的平方的结果，可以很快算出结果如下：

$9999^3 = 9999^2 \times 9999$

$= 99980001 \times 9999$

$= (99980000+1) \times 9999$

$= 9998 \times 10000 \times 9999 + 9999$

$= (9999^2 - 9999) \times 10000 + 9999$

$= (99980001 - 9999) \times 10000 + 9999$

$= 99970002 \times 10000 + 9999$

$= 999700029999$。

计算结果与猜想一致，可见猜想正确。

爱因斯坦

爱因斯坦（1879~1955），美国、瑞士双重国籍，物理学家、思想家、哲学家。现代物理学的开创者、集大成者和奠基人。一生的主要成

就是提出相对论及质能方程，解释光电效应，推动量子力学的发展，代表作有《论动体的电动力学》《广义相对论基础》。19世纪末期是物理学的大变革时期，爱因斯坦从实验事实出发，重新考查了物理学的基本概念，在理论上作出了根本性的突破。他的一些成就大大推动了天文学的发展。特别值得一提的是爱因斯坦获得1921年诺贝尔物理奖，不是因为相对论，而是因为他提出光子假设，成功解释了光电效应。

西方人忌讳的"13"

这一忌讳主要源于以下三种说法：

其一，传说耶稣受害前和弟子们共进了一次晚餐。参加晚餐的第13个人是耶稣的弟子犹大。就是这个犹大为了30块银元，把耶稣出卖给犹太教当局，致使耶稣受尽折磨。参加最后晚餐的是13个人，晚餐的日期恰逢13日，"13"给耶稣带来苦难和不幸。从此，"13"被认为是不幸的象征。"13"是背叛和出卖的同义词。

其二，西方人忌讳"13"源于古代神话。北欧神话中，在哈弗拉宴会上，出席了12位天神。宴会当中，一位不速之客——烦恼与吵闹之神洛基忽然闯来了。这第13位来客的闯入，招致天神宠爱的柏尔特送了性命。

其三，原始人只会以十个手指和两只脚来计数，最多是12，于是13成了不可知的可怕数字。

在荷兰，人们很难找到13号楼和13号的门牌。他们用"12A"取代了13号。在英国的剧场，你找不到13排和13座。法国人聪明，剧场的12排和14排之间通常是人行通道。此外，人们还忌讳13日出游，更忌讳13人同席就餐，13道菜更是不能接受了。

特别的"缺8"数

有一个特别的数，可以用"缺8"数来称呼它。

这个数是12345679，现在知道它为什么叫"缺8"数了吧。

这个数的妙处，可以从下面的等式里看出：

12345679×9＝111111111。

原来的数很有规律，乘过 9 以后，得到的数更有规律，变成 9 个 1 了。

刚开始学习用珠算或笔算做乘法时，老师和学生都喜欢下面一组练习题：

12345679×9＝111111111，

12345679×18＝222222222，

12345679×27＝333333333，

12345679×36＝444444444，

12345679×45＝555555555，

12345679×54＝666666666，

12345679×63＝777777777，

12345679×72＝888888888，

12345679×81＝999999999。

数字 8

这些题目的被乘数和乘数都很容易记住，乘积更容易记住。反复做这几题，用不着抄题目，也无需对答案，非常方便。

知识点

珠　算

　　珠算是以算盘为工具进行数字计算的一种方法。"珠算"一词，最早见于汉代徐岳撰的《数术记遗》，其中有云："珠算，控带四时，经纬三才"。在《清明上河图》中，可以清晰看到"赵太承家"药店柜台上放着一把算盘。明代商业经济繁荣，在商业发展需要条件下，珠算术普遍得到推广，逐渐取代了筹算。现存最早载有算盘图的书是明洪武四年（1371）新刻的《魁本对相四言杂字》。现存最早的珠算书是闽建（福建建瓯县）徐心鲁订正的《盘珠算法》（1573 年）。流行最广，在历史上起作用最大的珠算书则是明代程大位编的《直指算法统宗》。

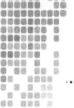

 延伸阅读

备受青睐的"8"

在古代，我国许多事物，都被人们有意地用上了"8"。

风景点，要凑成"八"景。比如羊城八景、太原八景、桂林八景、沪上八景、芜湖八景等。这些八景的共同特点，绝大多数是雨、雪、霞、烟、风、荷、钟、月这八景。

搞建筑，离不开"八"字。比如，亭子要修成八角形的，塔要修成八边形的，井口要砌成八角形的。

人才的聚分，要用上"八"。比如，神话中有八仙过海，唐代诗人中有酒中八仙，散文作家有唐、宋八大家，画家有扬州八怪，清朝的军队编制分为八旗，其后人称为"八旗子弟"。

许多成语，也都含有"八"。比如八面玲珑、八面威风、八九不离十、四通八达、七长八短、七手八脚、七零八乱、横七竖八、七嘴八舌等等。

其他方面，"八"字也被广泛应用，诸如诸葛亮的八阵图、拳术中的八卦掌、高级菜肴中的八珍、调料中的八味、中国书法的八体、方位中的八方、节气中的八节……

就是现在，"8"字仍然是我国人民最欢迎的一个数。无论是电话号码，还是汽车牌号，人们都抢着要"8"的号码。而躺倒的8字恰恰是数学中的"无穷大"符号。这样，丰硕、成熟、长寿、幸运、美满、发财，就变成无穷大了。总之，在人们的心目中，8是吉祥的数，所以身价百倍，大受青睐。

黄金数——0.618

0.618，一个极为迷人而神秘的数字，这其实是一个数字的比例关系，即把一条线分为两部分，此时短段与长段之比为0.618，长段与整段之比为0.618。另外，还有一些数据也十分奇妙，长段的平方等于整段与短段的乘积，长段与短段之比为1.618。

0.618，德国美学家泽辛最早称之为"黄金分割律"，此律认为，如果

82

物体、图形的各部分的关系都符合这种分割律，它就具有严格的比例性，能使人产生最悦目的印象。而达·芬奇称之为"黄金数"，它以其严格的比例性、艺术性、和谐性，蕴藏着丰富的美学价值。古往今来，这个数字一直被后人奉为科学和美学的金科玉律。

0.618 是古希腊著名数学家毕达哥拉斯于 2500 多年前发现的。据说，有一次，毕达哥拉斯路过铁匠作坊，被叮叮当当的打铁声迷住了。这清脆悦耳的声音中隐藏着什么秘密呢？毕达哥拉斯走进作坊，测量了铁锤和铁砧的尺寸，发现它们之间存在着十分和谐的比例关系。回到家里，他又取出一根线，分为两段，反复比较，最后认定 1：0.618 的比例最为优美。

达·芬奇

毕达哥拉斯从铁匠打铁时发出的具有节奏和起伏的声响中测出了不同音调的数的关系，并通过在琴弦上所做的实验找出了八度、五度、四度和谐的比例关系。在对"数"特别是音乐的研究过程中，毕达哥拉斯发现和谐能够产生美感效果，和谐是由一定数的比例关系中派生出来的。他把这种数的比例关系推广到音乐、绘画、雕刻、建筑等各个方面。

公元前 4 世纪，古希腊数学家欧多克索斯第一个系统地研究了这一问题，并建立起比例理论。他认为所谓黄金分割，指的是把长为 L 的线段分为两部分，使其中一部分对于全部之比，等于另一部分对于该部分之比。

公元前 300 年前后欧几里德撰写《几何原本》时吸收了欧多克索斯的研究成果，进一步系统地论述了黄金分割，成为最早的有关黄金分割的论著。

中世纪后，黄金分割被披上神秘的外衣，意大利数家帕乔利称中末比为神圣比例，并专门为此著书立说。德国天文学家开普勒称黄金分割为神圣分割。

黄金分割在文艺复兴前后，经过阿拉伯人传入欧洲，受到了欧洲人的欢迎，他们称之为"金法"。17 世纪欧洲的一位数学家，甚至称它为"各种算法中最可宝贵的算法"。这种算法在印度称之为"三率法"或"三数法则"，也就是我们现在常说的比例方法。

到 19 世纪，黄金分割这一说法正式盛行。黄金分割数有许多有趣的性质，人类对它的实际应用也很广泛。最著名的例子是优选学中的黄金分割法或 0.618 法，是由美国数学家基弗于 1953 年首先提出的，20 世纪 70 年代在中国推广。

0.618 与人体

为什么人们对这样的比例，会本能地感到美的存在呢？其实这与人类的演化和人体正常发育密切相关。据研究，从猿到人的进化过程中，人体结构中有许多比例关系接近 0.618，从而使人体美在几十万年的历史积淀中固定下来。人类最熟悉自己，势必将人体美作为最高的审美标准，凡是与人体相似的物体就喜欢它，就觉得美；于是黄金分割律作为一种重要形式美法则，成为世代相传的审美经典规律。

近年来，在研究黄金分割与人体关系时，发现一个标准的人体结构中有 14 个"黄金点"（物体短段与长段之比值为 0.618），12 个"黄金矩形"（宽与长比值为 0.618 的长方形）和 2 个"黄金指数"（两物体间的比例关系为 0.618）。

1. 黄金点　肚脐：头顶—足底之分割点；咽喉：头顶—肚脐之分割点；膝关节（分左右）：肚脐—足底之分割点；肘关节（分左右）：肩关节—中指尖之分割点；乳头（分左右）：躯干乳头纵轴上之分割点；眉间点：发际—颏底间距上 1/3 与中下 2/3 之分割点；鼻下点：发际—颏底间距下 1/3 与上中 2/3 之分割点；唇珠点：鼻底—颏底间距上 1/3 与中下 2/3 之分割点；颏唇沟正路点：鼻底—颏底间距下 1/3 与上中 2/3 之分割点；左口角点：口裂水平线左 1/3 与右 2/3 之分割点；右口角点：口裂水平线右 1/3 与左 2/3 之分割点。

2. 黄金矩形　躯体轮廓：肩宽与臀宽的平均数为宽，肩峰至臀底的高度为长；面部轮廓：眼水平线的面宽为宽，发际至颏底间距为长；鼻部轮廓：鼻翼为宽，鼻根至鼻底间距为长；唇部轮廓：静止状态时上下唇峰间距为宽，口角间距为长；手部轮廓（分左右）：手的横径为宽，五指并拢时取平均数为长；上颌切牙、侧切牙、尖牙（左右各三个）轮廓：最大的近远中径为宽，齿龈高为长。

3. 黄金指数　反映鼻口关系的鼻唇指数：鼻翼宽与口角间距之比近似黄金数；反映眼口关系的目唇指数：口角间距与两眼外眦间距之比近似黄

金数。

0.618，作为一个人体健美的标准尺度之一，是无可非议的，但不能忽视其存在着"模糊特性"，它同其他美学参数一样，都有一个允许变化的幅度，受种族、地域、个体差异的制约。

0.618 与艺术

音乐家认为弦乐器的琴马放在琴弦的 0.618 处，能使琴声更加柔和甜美。在音乐会上，报幕员在舞台上的最佳位置，是舞台宽度的 0.618 之处；二胡要获得最佳音色，其"千斤"则须放在琴弦长度的 0.618 处。

在很多艺术品以及大自然中都能找到这个黄金数。达·芬奇的《维特鲁威人》符合黄金矩形。《蒙娜丽莎》中蒙娜丽莎的脸也符合黄金矩形，《最后的晚餐》同样也应用了该比例布局。

画家们发现，按 0.618 : 1 来设计腿长与身高的比例，画出的人体身材最优美，而现今的女性，腰身以下的长度平均只占身高的 0.58，因此古

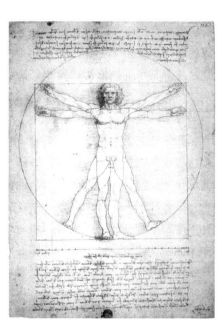

达·芬奇《维特鲁威人》

希腊维纳斯女神塑像及太阳神阿波罗的形象都通过故意延长双腿，使之与身高的比值为 0.618，从而创造艺术美。难怪许多姑娘都愿意穿上高跟鞋，而芭蕾舞演员则在翩翩起舞时，不时地踮起脚尖。音乐家发现，二胡演奏中，"千斤"分弦的比符合 0.618 : 1 时，奏出来的音调最和谐、最悦耳。

0.618 与医学

医学与 0.618 有着千丝万缕的联系，它可解释人为什么在环境 22℃ ~ 24℃ 时感觉最舒适。因为人的体温为 37℃ 与 0.618 的乘积为 22.9℃，而且这一温度中肌体的新陈代谢、生理节奏和生理功能均处于最佳状态。科学家们还发现，当外界环境温度为人体温度的 0.618 倍时，人会感到最舒服。现代医学研究还表明，0.618 与养生之道息息相关，动与静是一个 0.618 的比例关

系，大致四分动六分静，才是最佳的养生之道。医学分析还发现，饭吃六七成饱的人几乎不生胃病。

0.618与建筑

黄金分割被认为是建筑和艺术中最理想的比例。建筑师们对数字0.618特别偏爱，古希腊帕特农神庙严整的大理石柱廊，就是根据黄金分割的原则分割了整个神庙，才使这座神庙成为人们心目中威力、繁荣和美德的最高象征。无论是古埃及的金字塔、秦始皇兵马俑，还是巴黎的圣母院，或者是近世纪的法国埃菲尔铁塔，都有与0.618有关的数据。

0.618与植物

有些植茎上，两张相邻叶柄的夹角是$137°28'$，这恰好是把圆周分成$1：0.618$的两条半径的夹角。据研究发现，这种角度对植物通风和采光效果最佳。植物叶子，千姿百态，生机盎然，给大自然带来了美丽的绿色世界。尽管叶子形态随种而异，但它在茎上的排列顺序（称为叶序），却是极有规律的。有些植物的花瓣及主干上枝条的生长，也是符合这个规律的。你从植物茎的顶端向下看，经细心观察，发现上下层中相邻的两片叶子之间约成$137.5°$角。如果每层叶子只画一片来代表，第一层和第二层的相邻两叶之间的角度差约是$137.5°$，以后二到三层，三到四层，四到五层……两叶之间都成这个角度。植物学家经过计算表明：这个角度对叶子的采光、通风都是最佳的。叶子的排布，多么精巧！叶子间的$137.5°$角中，藏有什么"密码"呢？我们知道，一周是$360°$，$360°-137.5°=222.5°$，而$137.5：222.5≈0.618$。瞧，这就是"密码"！叶子的精巧而神奇的排布中，竟然隐藏着0.618的比例。

0.618与股市

在股票的技术分析中，还有一个重要的分析流派——波浪理论中要用到黄金分割的内容。在这里，我们将通过它的指导买卖股票。画黄金分割线的第一步是记住若干个特殊的数字：0.191、0.382、0.618、0.809、1.191、1.382、1.618、1.809、2.618、4.236。这些数字中0.382、0.618、1.382、1.618最为重要，股价极为容易在由这四个数产生的黄金分割线处产生支撑和压力。

0.618 与消费

在消费领域中也可妙用 0.618 这个"黄金数"，获得"物美价廉"的效果。据专家介绍，在同一商品有多个品种、多种价值情况下，将高档价格减去低档价格再乘以 0.618，即为挑选商品的首选价格。

0.618 与优选法

0.618 的出现，不仅解决了许多数学难题（如：十等分、五等分圆周；求 18 度、36 度角的正弦、余弦值等），而且还使优选法成为可能。优选法是一种求最优化问题的方法。实践证明，对于一个因素的问题，用"0.618 法"做 16 次试验就可以完成"对分法"做 2500 次试验所达到的效果。优选法是一种具有广泛应用价值的数学方法，著名数学家华罗庚曾为普及它作出了重要贡献。

在炼钢时需要加入某种化学元素来增加钢材的强度，假设已知在每吨钢中需加某化学元素的量在 1000～2000 克之间，为了求得最恰当的加入量，需要在 1000 克与 2000 克这个区间中进行试验。通常是取区间的中点（即 1500 克）做试验。然后将试验结果分别与 1000 克和 2000 克时的实验结果做比较，从中选取强度较高的两点作为新的区间，再取新区间的中点做试验，再比较端点，依次下去，直到取得最理想的结果。这种实验法称为对分法。但这种方法并不是最快的实验方法，如果将实验点取在区间的 0.618 处，那么实验的次数将大大减少。

再如，在一种试验中，温度的变化范围是 0℃～10℃，我们要寻找在哪个温度时实验效果最佳。为此，可以先找出温度变化范围的黄金分割点，考察 10×0.618＝6.18（℃）时的试验效果，再考察 10×（1－0.618）＝3.82（℃）时的试验效果，比较两者，选优去劣。然后在缩小的变化范围内继续这样寻找，直至选出最佳温度。

0.618 与作息制度

随着我国经济社会的发展和城市化、现代化步伐加快，劳动效率的提高，目前 5 天 8 小时工作制也带来一些问题，影响到了劳动时效性和劳动者生活质量。由于"扎堆"上下班，也对城市交通造成很大压力。现在，缩短工作时间已成为世界发展的一大趋势，联合国每周工作四天半，欧洲、亚洲和北美的很多发达国家都实行每周 4 天半甚至是 4 天的工作制度，工

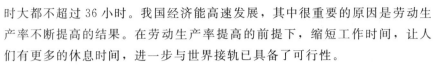

时大都不超过 36 小时。我国经济能高速发展，其中很重要的原因是劳动生产率不断提高的结果。在劳动生产率提高的前提下，缩短工作时间，让人们有更多的休息时间，进一步与世界接轨已具备了可行性。

实行每周四天半工作制还有一个原因，那就是和黄金数有关。一般地，一年中工作日所占比例为 61.8% 是最佳比例。

0.618 与武器装备

在冷兵器时代，虽然人们还根本不知道黄金分割率这个概念，但人们在制造宝剑、大刀、长矛等武器时，黄金分割率的法则也早已处处体现了出来，因为按这样的比例制造出来的兵器，用起来会更加得心应手。当发射子弹的步枪刚刚制造出来的时候，它的枪把和枪身的长度比例很不科学合理，很不方便于抓握和瞄准。到了 1918 年，一个名叫阿尔文·约克的美远征军下士，对这种步枪进行了改造，改进后的枪型枪身和枪把的比例恰恰符合 0.618 的比例。

实际上，从锋利的马刀刃口的弧度，到子弹、炮弹、弹道导弹沿弹道飞行的顶点；从飞机进入俯冲轰炸状态的最佳投弹高度和角度，到坦克外壳设计时的最佳避弹坡度，我们也都能很容易地发现黄金分割率无处不在。

在大炮射击中，如果某种间瞄火炮的最大射程为 12 千米，最小射程为 4 千米，则其最佳射击距离在 9 千米左右，为最大射程的 2/3，与 0.618 十分接近。在进行战斗部署时，如果是进攻战斗，大炮阵地的配置位置一般距离己方前沿以 1/3 倍最大射程处，如果是防御战斗，则大炮阵地应配置距己方前沿 2/3 倍最大射程处。

0.618 与战术布阵

在我国历史上很早发生的一些战争中，也遵循着 0.618 的规律。春秋战国时期，晋厉公率军伐郑，与援郑之楚军决战于鄢陵。厉公听从楚叛臣苗贲皇的建议，把楚之右军作为主攻点，因此以中军之一部进攻楚军之左军；以另一部进攻楚军之中军，集上军、下军、新军及公族之卒，攻击楚之右军。其主要攻击点的选择，恰在黄金分割点上。

把黄金分割律在战争中体现得最为出色的军事行动，还应首推成吉思汗所指挥的一系列战事。数百年来，人们对成吉思汗的蒙古骑兵，为什么能像飓风扫落叶般地席卷欧亚大陆颇感费解，因为仅用游牧民族的彪悍勇猛、残忍诡谲、善于骑射以及骑兵的机动性这些理由，都还不足以对此做

出令人完全信服的解释。或许还有别的更为重要的原因？仔细研究之下，果然又从中发现了黄金分割律的伟大作用。蒙古骑兵的战斗队形与西方传统的方阵大不相同，在它的 5 排制阵形中，人盔马甲的重骑兵和快捷灵动轻骑兵的比例为 2∶3，这又是一个黄金分割！

马其顿与波斯的阿贝拉之战，是欧洲人将 0.618 用于战争中的一个比较成功的范例。在这次战役中，马其顿的亚历山大大帝把他的军队的攻击点，选在了波斯大流士国王的军队的左翼和中央结合部。巧的是，这个部位正好也是整个战线的"黄金点"，所以尽管波斯大军多于亚历山大的兵马数十倍，但凭借自己的战略智慧，亚历山大把波斯大军打得溃不成军。

这一战争的深刻影响直到今天仍清晰可见，在海湾战争中，多国部队就是采用了类似的布阵法打败了伊拉克军队。两支部队交战，如果其中之一的兵力、兵器损失了 1/3 以上，就难以再同对方交战下去。正因为如此，在现代高技术战争中，有高技术武器装备的军事大国都采取长时间空中打击的办法，先彻底摧毁对方 1/3 以上的兵力、武器，尔后再展开地面进攻。让我们以海湾战争为例。战前，据军事专家估计，如果共和国卫队的装备和人员，经空中轰炸损失达到或超过 30%，就将基本丧失战斗力。为了使伊军的损耗达到这个临界点，美英联军一再延长轰炸时间，持续 38 天，直到摧毁了伊拉克在战区内 428 辆坦克中的 38%、2280 辆装甲车中的 32%、3100 门火炮中的 47%，这时伊军实力下降至 60% 左右，这正是军队丧失战斗力的临界点。也就是将伊拉克军事力量削弱到黄金分割点上后，美英联军才抽出"沙漠军刀"砍向萨达姆，在地面作战只用了 100 个小时就达到了战争目的。在这场被誉为"沙漠风暴"的战争中，创造了一场大战仅阵亡百余人奇迹的施瓦茨科普夫将军，算不上是大师级人物，但他的运气却几乎和所有的军事艺术大师一样好。其实真正重要的并不是运气，而是这位率领一支现代大军的统帅，在进行战争的运筹帷幄中，有意无意地涉及了 0.618，也就是说，他多多少少托了黄金分割律的福。

此外，现代战争中，许多国家的军队在实施具体的进攻任务时，往往是分梯队进行的，第一梯队的兵力约占总兵力的 2/3，第二梯队约占 1/3。在第一梯队中，主攻方向所投入的兵力通常为第一梯队总兵力的 2/3，助攻方向则为 1/3。防御战斗中，第一道防线的兵力兵器通常为总数的 2/3，第二道防线的兵力兵器通常为总数的 1/3。

欧多克索斯

欧多克索斯（约前400～约前347），精通数学、天文学、地理学。他对数学的最大的功绩是创立了关于比例的一个新理论。他首先引入"量"的概念，将"量"和"数"区别开来。他建立了严谨的穷竭法，并用它证明了一些重要的求积定理。此外，他还研究过"中末比"（后人称黄金分割）和"倍立方"等著名的数学问题。他在天文学方面最有影响的工作，在于把球面几何用于天文研究，提出一个以地球为中心的同心球理论。这种理论起源于早期的毕达哥拉斯学派，而为柏拉图所继承。

0.618 与拿破仑战败

0.618 不仅在武器和一时一地的战场布阵上体现出来，而且在区域广阔、时间跨度长的宏观的战争中，也都充分地展现出来。一代军事奇才拿破仑可能怎么也不会想到，他的命运会与 0.618 紧紧地联系在一起。

1812 年 6 月，正是莫斯科一年中气候最为凉爽宜人的夏季，在未能消灭俄军有生力量的博罗金诺战役后，拿破仑于此时率领着他的大军进入了莫斯科。这时的他可是踌躇满志、不可一世。他并未意识到，天才和运气此时也正从他身上一点儿点地消失，他一生事业的顶峰和转折点正在同时到来。后来，法军便在大雪纷扬、寒风呼啸中灰溜溜地撤离了莫斯科。三个月的胜利进军加上两个月的盛极而衰，从时间轴上看，法兰西皇帝透过熊熊烈焰俯瞰莫斯科城时，脚下正好就踩着黄金分割点。

计算机的计数方法

　　存储数据是计算机的一项基本工作，数字可以从输入文件或计算机刚完成的计算结果中获得。通常计算机的存储器不能存储数据的真实值，只能存储其近似值，这与数字表示所用的基底无关，而与机器本身的局限性有关，因为计算机中存储器的容量有限。但现实却存在无限多的数，所以设计者必须确保计算机不会将整个存储器仅用于存储少数几个数甚至仅存储一个长数。通常我们不知道计算机是如何表示数的，因为现代计算机在这方面做得比较完善，从而我们注意不到它们的缺点。当然，许多数可以以完美精确的形式存储在计算机的存储器中，但绝大多数不可以。

　　当计算机存储一个很长的数时，便产生了我们关注的问题。例如，1/3 的小数形式是 0.333……永无止境地循环。又如，由许多非零数字组成的一个非常大的整数，可能世界上所有图书馆的所有书籍都无法容纳它。这类数对计算机设计者来说是额外的挑战，因为它们不能被以完全精确的方式来存储，而且从来也没有那么大的存储器允许这么做。

计算机

　　我们把想要存储的数与计算机存储器中实际存储的数之间的差称为舍入误差。舍入误差是不可避免的，因为计算机设计者只能为每个数分配固定的存储空间。虽然需要存储的数之间有很大差别，但每一个数的存储空间是相同的。这个存储空间必须包含所存数据的所有重要信息，这些信息包括：

　　1. 数的符号（即它是正数还是负数）。

　　2. 组成数的数字。

　　3. 数的大小。（注意：在位值制记数系统中，由每个数字的位置来体现数值的大小，数字表示与数的大小是不同的问题）

　　要实现上述功能，计算机必须以一种简便的形式来存储数据，我们可以把这种存储形式看做是一种科学记数法。当我们使用科学记数法时，需要把一个数写成两个数的乘积。第一个是大于等于 1 且小于 10 的数（称为尾数），它给出了构成原始数的数字信息。第二个是 10 的方幂，它给出有关数的大小信息。例如，数 172，用科学记数法表示为 1.72×10^2，其中 1.72 为尾数，上标 2 为指数。指数是把尾数变为原始数时小数点移动的位数的一个指示符。我们还可以把指数看做数的大小的度量：当指数是正数时，小数点向右移动；当指数是负数时，小数点向左移动（众所周知，计算机不是用十进制来存储数据的。在此以十进制为例，是因为广大读者对十进制比较熟悉，并且不论使用何种基底，原理都相同）。

如果把数的存储空间想像成一些盒子或如巴贝奇所说的笼子，那么我们对这种实际的存储方式就会有所体会。在每个盒子中放入关于数的一条信息，其中，一部分空间存储数的符号信息，具体地说，即这个数是正数还是负数；一部分空间存储尾数的数字信息；最后，还有一部分空间存储指数的两条信息：指数的符号和值。

为了了解计算机如何存储数据，我们设想"数据存储隔间"可以容纳数的 10 条信息，数的所有信息都放在这 10 个位置中，无一例外。如果没有足够空间放置所有必要的信息，那么为了存储这个数字，必须删除一些信息。首先，想像一个空的数据存储隔间：

｜｜｜｜｜｜｜｜｜｜ 注意有 10 个隔间或笼子容纳数的所有信息。为了解释清楚，我们假设以存储数 123456789（用科学记数法表示成 1.23456789×10^8）为例加以说明。

我们存储的第一条信息是数的符号，接下来的六个位置存放尾数的信息，紧挨着尾数右边的位置存放指数的符号，最后两个位置存放指数的信息。存储过程分为四步：

因为 123456789 是正数，首先把"＋"放在第一个位置。现在隔间看起来应该是：｜＋｜｜｜｜｜｜｜｜｜。

再把尾数的信息尽可能多地放入接下来的六个位置，这样隔间看起来应该是：｜＋｜1｜2｜3｜4｜5｜7｜｜｜。（注意：没有足够的空间存储完整的尾数，所以我们就四舍五入用前六个数字。还应注意，由于每个尾数都大于等于 1 且小于 10，所以没有必要存储小数点，因为它总是在同一位置，即尾数的第一个数字之后）

指数是正数 8，所以把"＋"放在下一个盒子中：｜＋｜1｜2｜3｜4｜5｜7｜＋｜｜。

最后，由于指数是 8，所以在剩下两个位置写 08，数字隔间变为：

$|+|1|2|3|4|5|7|+|0|8|$。（注意，其他数，例如 123457000 和 123456955 也是被四舍五入后，以同样的形式存储在计算机中的）

浮点记数的一个最大优点是它具有适应性，可以存储相当大的数。当存储的数越大，其作用越明显。当留出存储尾数的位置越多时，丢失的重要信息就越少。实际上，机器的精确性通常由存储尾数信息的"笼子"个数来衡量。

我们已经证实浮点记数比巴贝奇构想的定点记数更灵活，后者已应用到电子数值积分器及计算器上。浮点记数并不完美，但这是迄今为止在只能存储有限信息的机器中表示无限组数的最好方法。20 世纪 50 年代引入浮点记数之后，它迅速取代了大部分定点记数的应用，今天办公电脑及类似的超级计算机都使用浮点方法进行数字的存储和运算。

虽然大部分人继续沿用约 4 世纪之前由纳皮尔使用的严格的十进制位值制记数系统，但它不是现在使用的最为广泛的记数系统。由于现在计算机承担绝大多数的计算，所以浮点记数（我们当中没有多少人对此系统有直接经验）比纳皮尔、斯蒂文和韦达开拓的十进制记数系统更能体现我们的时代特征。

知识点

巴贝奇

巴贝奇（1792～1871），英国数学家、科学家。24 岁时被选为英国皇家学会会员。他参与创建了英国天文学会和统计学会，并且是天文学会金质奖章获得者。1828～1839 年期间在剑桥大学任卢卡斯数学教授（原为牛顿的教席）。巴贝奇在 1812 年开始想到用机械来进行数学运算；后来，制造了一台小型计算机，能进行 8 位数的某些数学运算。1823 年得到政府的支持，设计了一台容量为 20 位数的计算机。它的制造要求有较高的机械工程技术。于是巴贝奇专心从事于这方面的研究。他于 1834 年发明了分析机（现代电子计算机的前身）的原理。在这项设计中，他曾设想根据储存数据的穿孔卡上的指令进行任何数学运算的可能性，并设想了现代计算机所具有的大多数其他特性，但因 1842 年政府拒绝进一步支援，巴贝奇的计算器未能完成。斯德哥尔摩的舒茨公司按他的设计于 1855 年制造了一台计算器。

千奇百怪的 数

延伸阅读

树龄与地震

生长在古地震断裂面上的树木，是在古地震断裂形成之后才开始生长发育起来的树木，而这种树木的最大树龄就相当于古地震形成的年代。一般可以通过所取树干基部年轮圆盘面就可直接判读出年轮的数值，以确定古地震发生的年代。也可以通过以下数学公式来推算古地震发生的年代：

$$J = S/2\pi P$$

式中，J 表示古地震形成距离现在的年数，P 为被测树木年轮年平均生长宽度，S 为被测树木最大直径的树干基部的周长。

例如，1982 年，从我国西藏当雄北一带古地震断裂面上生长的香柏树中，取出其中的一棵，测得它的 $P=0.22$ 毫米，$S=80$ 厘米，则可算得

$$J = S/2\pi P$$
$$= 800/2 \times 3.14 \times 0.22$$
$$= 579（年）$$

据这个地区有关地震史料的记载，在 1411 年前后，该地区确实发生过 8 级左右的强烈地震，两者相当吻合。

研究结果表明，利用树木年轮研究和确定几十年、数百年甚至千年以上的古气候变迁、古地震发生年代，比运用其他方法具有简便、经济、可靠等优点。可以相信，随着研究的深入，人们将从树木年轮中开发出更多的科学信息。

巧设数字密码

11111 这个数很容易记住。如果在需要设置密码时，选用 11111，别人不知道，自己忘不掉，可以考虑。

但是，如果这个密码很重要，防止万一被人家发现这个密码，人家过目不忘，那岂不是很糟糕。

可以采用双重加密。通常看见 11111 这个数，从它由 5 个 1 组成，容易联想到"五个手指"、"五星红旗""五湖四海"等等。但是一般不太容易想到把它分解质因数。这个数可以分解成两个质因数的乘积：11111＝

41×271。

　　这两个质因数都比较大，不是一眼就能看得出来的。把两个质因数连写，成为41271，作为第二层次的密码，可以再加一道密，争取一些时间，以便采取补救措施。

　　如果担心破解密码的人也会想到分解质因数，可以加大分解的难度。把两个质因数取得大些，分解起来就会困难得多。例如，从质数表上可以查到，8861和9973都是质数。把它们相乘，得到

　　$8861 \times 9973 = 88370753$。

　　把乘积88370753作为第一密码，构成第一道防线；把两个质因数连写，成为88619973，作为第二密码，这第二道防线就不是一般窃贼能破解的了。即使想到尝试把88370753分解质因数，即使利用电子计算器帮助做除法，如果手头没有详细的质数表，逐个试除上去，等不及试除到1000，就可能丧失信心，半途而废了。

　　用以上这套简单办法，每个人都很容易编出只有自己知道的双重密码。

　　如果利用电子计算机，把一个不很大的数分解成质因数的乘积，是很容易的。但是如果这个数太大，计算量超出通常微机的能力范围，就是电脑也望尘莫及了。

　　1977年，曾经有三位科学家和电脑专家设计了一个世界上最难破解的密码锁，他们估计人类要想解开他们的密码，需要40个1千万万年。他们这样做，是要向政府和商界表明，利用长长的数字密码，可以保护储存在电脑数据库里的绝密资料，例如可口可乐配方、核武器方程式等。

　　他们编制密码的原则，基本上就是上面介绍的分解质因数的办法，不过他们的数取得很大很大很大，不是五位数11111或八位数88370753，而是一个127位的数，使当时的任何电脑都望洋兴叹。

　　当然，编制密码锁的三位专家里夫斯特、沙美尔和艾德尔曼没有想到，科学会发展得这样快。仅仅过了17年，经过世界五大洲600位专家利用1600部电脑，并且借助电脑网络，埋头苦干8个月，终于攻克了这个号称千亿年难破的超级密码锁。结果发现，藏在密码锁下的，是这样一句话："魔咒是神经质的秃鹰。"

　　密码锁下锁着什么，并不重要，重要的是这个密码锁非常非常难开。打开密码锁得到了什么，也不重要，重要的是能够战胜很难很难克服的困难。

　　电脑网络的普及，使每一位用户只要坐在家里按按键盘，就能查阅世界各地电脑向网络提供的有用资料。但是也要注意保护好自己电脑里的秘密。要像

房门上锁一样，给进网络的电脑配上自己的密码锁。质数就是编制密码的一个理想工具。

质因数

每个合数都可以写成几个质数相乘的形式，这几个质数就都叫做这个合数的质因数。如果一个质数是某个数的因数，那么就说这个质数是这个数的质因数。而这个因数一定是一个质数。

所谓质因数，就是一个数的约数，并且是质数，比如 $8＝2×2×2$，2 就是 8 的质因数。$12＝2×2×3$，2 和 3 就是 12 的质因数。把一个式子以 $12＝2×2×3$ 的形式表示，叫做分解质因数。$16＝2×2×2×2$，2 就是 16 的质因数，把一个合数写成几个质数相乘的形式表示，这也是分解质因数。

分解质因数的方法是先用一个合数的最小质因数去除这个合数，得出的数若是一个质数，就写成这个合数的相乘形式；若是一个合数就继续按原来的方法，直至最后是一个质数。

奇妙的 666

用珠算做加法练习，常做的一道题目是

$1＋2＋3＋4＋…＋36＝?$

为什么从 1 加到 36，而不是加到 30 或 50，或者其他整数呢？这是因为从 1 加到 36 的得数容易记住，等于 666：

$1＋2＋3＋4＋…＋36＝666$。

666 还有一些其他美妙性质，例如

$(6＋6＋6)＋(6^3＋6^3＋6^3)＝666$。

上面这个等式表明，666 等于它的各位数字的和加上各位数字的立方和。

666 与它的各位数字之和的平方也有关系：

$(6+6+6)^2+(6+6+6)^2+(6+6+6)=666$。

下面的等式提供了 666 与前面 6 个自然数的联系：

$1^3+2^3+3^3+4^3+5^3+6^3+5^3+4^3+3^3+2^3+1^3=666$。

一个更有趣的等式是

$2^2+3^2+5^2+7^2+11^2+13^2+17^2=666$。

式中的数 2、3、5、7、11、13、17 都是质数，而且是前面 7 个质数。由此可见，666 等于前 7 个质数的平方和。

运动场上的数字

足球运动员开球或发球时，对方球员必须离足球 9.15 米以上。为了表示这个范围，人们就在足球场中央画个"中圈"，每场比赛都从这里开球。罚球时，也是这样。以罚球点为圆心，向外画罚球弧，半径也是 9.15 米。这 9.15 米有什么根据吗？

原来足球运动起源于英国，英国人用的长度单位是"码"。当初规定开球、罚球时，对方运动员必须离足球 10 码以外。而 1 码等 0.9144 米，约合 0.915 米。10 码换算成公制，长度就是 9.15 米。

拳击比赛，优胜者不论得到多少分，都以 20 分计算，而失败者的得分则需代入下列公式计算：

失败者得分＝20－（优胜者实际得分÷3）。

例如，优胜者实际得 18 分，失败者的得分就是

$20-(18÷3)=20-6=14$（分）。

如果胜利者的得分不是 3 的倍数，计算时先要把它的得分适当进行增减，使它成为 3 的倍数，然后再代入公式计算。比如，胜利者得 16 分，则先将 16 变为 15，再代入公式，即得

$20-[(16-1)÷3]=20-15÷3=20-5=15$（分）。

即失败者得 15 分。

美国布鲁克林学院物理学家布篮卡对篮球运动员投篮的命中率进行了研究。他发现篮球脱手时离地面越高，命中率就越大。这说明，身材高对于篮球运动员来讲，是一个有利的条件，这也说明为什么篮球运动员喜欢跳起来投篮。

根据数学计算，抛出一个物体，在抛掷速度不变的条件下，以 45°角抛出所达到的距离最远。可是，这只是纯数学的计算，只适用于真空的条件下。而且，抛点与落点要在同一个水平面上。而实际上，我们投掷器械时并不是在真空里，要受到空气阻力、浮力、风向以及器械本身形状、重量等因素的影响。另外，投掷时由于出手点和落地点不在同一水平面上。而形成一个地斜角（即投点、落点的连线与地面所成的夹角）。出手点越高、地斜角就越大。这时，出手角度小于 45°，则向前的水平分力增大，这对增加器

罚点球

械飞行距离有利。下面是几种体育器械投掷最大距离的出手角度：

铅球 38°～42°；

铁饼 30°～35°；

标枪 28°～33°；

链球、手榴弹 42°～44°

知识点

足　球

　　足球运动是一项古老的体育活动，源远流长。最早起源于我国古代的一种球类游戏"蹴鞠"，后来经过阿拉伯人传到欧洲，发展成现代足球。可以说，足球的故乡是中国。据说，希腊人和罗马人在中世纪以前就已经从事一种足球游戏了。他们在一个长方形场地上，将球放在中间的白线上，用脚把球踢滚到对方场地上，当时称这种游戏为"哈巴斯托姆"。而现代足球起源地是在英国，是来源于 12 世纪前后他们和丹麦发生了一场战争，战争结束后英国人看到地上有丹麦士兵的人

头，由于英国对丹麦士兵非常痛恨，便踢起了那个人头。到19世纪初叶，足球运动在当时欧洲及拉美一些国家特别是在资本主义的英国已经相当盛行。1848年，足球运动的第一个文字形式的规则《剑桥规则》诞生了。即是在19世纪早期的英国伦敦、牛津和剑桥之间进行比赛时制定的一些规则。

 延伸阅读

钱币中的数学问题

古今中外的钱币多种多样，与钱币有关的数学更是丰富多彩，趣味无穷。以现在我国通行的人民币为例，一起来看看隐藏在钱币里的数学知识。

我们所看到的硬币的面值有1分、2分、5分、1角、5角和1元；纸币的面值有1分、2分、5分、1角、2角、5角、1元、2元、5元、10元、20元、50元和100元，一共19种。但这些面值中没有3、4、6、7、8、9，这又是为什么呢？事实上，我们只要来看一看1、2、5如何组成3、4、6、7、8、9，就可以知道原因了。

$3=1+2=1+1+1$

$4=1+1+2=2+2=1+1+1+1$

$6=1+5=1+1+2+2=1+1+1+1+2=1+1+1+1+1+1=2+2+2$

$7=1+1+5=2+5=2+2+2+1=1+1+1+2+2=1+1+1+1+1+2=1+1+1+1+1+1+1$

$8=1+2+5=1+1+1+5=1+1+2+2+2=1+1+1+1+2+2=1+1+1+1+1+1+2=2+2+2+2$

$9=2+2+5=1+1+2+5=1+1+1+1+5=1+1+1+1+1+1+1+1+1+2+2+2=1+1+1+2+2+2=1+2+2+2+2$

从以上这些算式中就可知道，用1、2和5这几个数就能以多种方式组成1～9的所有数。这样，我们就可以明白一个道理，人民币作为大家经常使用的流通货币，自然就希望品种尽可能少，但又不影响使用，所以，根本没有必要再出3、4、6、7、8、9面值的人民币。

数字中的谜团

看似简单的 10 个阿拉伯数字，经过各种排列组合后就千变万化起来，变得扑朔迷离，神秘莫测，留下一个个谜团引人去破解。下面试举几例：

π 有许多巧合的数字特征，例如在 762～767 位上连续出现 6 个 9。那么其他数码是否会在 π 值中这样连续出现 6 个呢？此外 0123456789 这种排列的数字段是否会在 π 值中出现呢？

《庄子》一书的《天下》篇中说："一尺之棰，日取其半，万世不竭。"就是说，一尺长的木棒或尺子，每天去掉一半，永远都不会完结。果真是这样吗？

现在发现的所有奇偶亲和数要么都是偶数，要么都是奇数。是否存在一对亲和数，其中有一个奇数，另一个是偶数呢？

阿基利斯是古希腊神话中善跑的英雄。在他和乌龟的竞赛中，他速度为乌龟的十倍，乌龟在前面 100 米跑，他在后面追，但他不可能追上乌龟。这是为什么呢？

奇妙的回数与黑洞数

所谓回数，就是一个数从左向右读和从右向左读都是一样的，这样的数称为回数，如 303，12821，88888……等都是回文式数，这种数在数中有无限多个。

对回数进行研究，得出一个回数猜想。此猜想到现在也没有解决。猜想是这样表白的：不论开始采用什么数，在经过有限的步骤后，一定可以得到一个回文式数。这个有限的步骤是这样的：任取一个数，再把这个数

倒过来，并将这两个数相加。然后再把这个数倒过来，与原来的数相加。只要重复这个过程，就可以获得回文式数。例如：

```
    86
+   68
───────
   154
+  451
───────
   605
+  506
───────
  1111
```

这 1111 数就是一个回文式数。再举一个比较大一点儿的数：

```
   19394
+  49391
─────────
   68785
+  58786
─────────
  127571
+ 175721
─────────
  303292
+ 292303
─────────
  595595
```

大家一看就知道，19394 经过四步，就成了回文式数。数学家屡试屡对，无一例外。区别只有步骤多少。

直到今天，还没有人证明这个猜想是对还是错。有一个数 196，此数看起来很简单，数学家用电子计算机对它进行了几十万步的计算，没有能获得回文式数，但计算机并没有证明它永远产生不了回文式数。

在数学中，还有一种奇妙的"黑洞数"，当写出一个任意的四位数（四个数字完全一样的除外，例 4444、7777 等），再重新对其进行整理，从大到小的顺序重新排列，把最大的数当做千位数，接下来把次大的数当做百位数……依此类推。

数字 6

举例来说，如 5477 经过整理之后便是 7754。接下来，把得到的这个数颠倒一下，然后再求出这两个数的差（用大数减去小数，只看绝对值，不管正负号），然后，再对所得到的差数，把上述两个步骤再做一遍，于是又得到一个新的差数。

重复以上步骤，做不了几次，就会发现出现神秘的数 6174。任何不完全相同的四位数，经过重排和求差运算之后，都会得出 6174。它好像数的黑洞，掉进去就出不来。我们举例为证：

$$\begin{array}{r} 7754 \\ -4577 \\ \hline 3177 \end{array}$$

$$\begin{array}{r} 7731 \\ -1377 \\ \hline 6354 \end{array}$$

$$\begin{array}{r} 6543 \\ -3456 \\ \hline 3087 \end{array}$$

$$\begin{array}{r} 8730 \\ -0378 \\ \hline 8352 \end{array}$$

$$\begin{array}{r} 8532 \\ -2358 \\ \hline 6174 \end{array}$$

在这个运算的步骤需注意 0378，它是 0 开始，我们也把它看成是一个四位数。不要把 0378 当成 378 就行。

通过计算机周而复始的迭代，几次之后四位数就会找到自己的归宿，进入 6174。不信，你可以自己算，也可借助小型计算器进行验证。

在三位数里，495 也是一个黑洞数。对任何一个不完全相同的三位数，只要进行如上的重排和求差，几步之后就会得出 495。

为什么会出现这样有趣的黑洞数呢？这个难题困扰着数学界，尚需要数学家去探究其中的奥秘。

黑　洞

黑洞是一种引力极强的天体，就连光也不能逃脱。当恒星的史瓦西半径小到一定程度时，就连垂直表面发射的光都无法逃逸了。这时恒星就变成了黑洞。说它"黑"，是指它就像宇宙中的无底洞，任何物质一旦掉进去，似乎就再不能逃出。由于黑洞中的光无法逃逸，所以我们无法直接观测到黑洞。然而，可以通过测量它对周围天体的作用和影响来间接观测或推测到它的存在。

长寿虫悖论

一只虫子从 1 米长的橡皮绳的一端，以 1 厘米/秒的速度爬向另一端，橡皮绳同时均匀地以 1 米/秒的速度向相同方向无限制地延伸。

现在问：虫子会爬到另一端吗？

虫子每前进 1 厘米的同时，另一端却拉远了 1 米。似乎显然"前进"抵不上"疏远"，怕是永远爬不到"近在咫尺"的尽头了！

那我们来仔细算算看。

第 1 秒，虫子爬了绳子总长度的 $\frac{1}{100}$；

第 2 秒，虫子爬了绳子总长度的 $\frac{1}{200}$；

……

第 ω 秒，虫子爬了绳子总长度的 $\frac{1}{100\omega}$。

这样，在前 ω 秒，虫子爬的总路程占绳子总长度的比例就是

$$\frac{1}{100}+\frac{1}{200}+\frac{1}{300}+\cdots+\frac{1}{100\omega}=\frac{1}{100}\left(1+\frac{1}{2}+\frac{1}{3}+\cdots\frac{1}{\omega}\right)$$

这个式子中括号里的级数是我们熟悉的调和级数，它是发散的——它

的部分和"要多大就可以有多大"。因此,当括号里的数大于100的时候,此时,虫子就爬到了绳子的另一端。

$$\frac{1}{100}(1+\frac{1}{2}+\frac{1}{3}+\cdots+\frac{1}{\omega})>1.$$

由此可见,前面"永远爬不到"的猜想,基于不可靠的直觉,是"不正确"的。

最大的素数是什么

就像千奇百怪的物质世界是由有限种简单的原子构成的一样,庞大的数字系统其实是一些简单的数演变出来的。

自然数集是数学中最基本的最简单的数集了,但它自身也有特定的内部结构。一般地,全体自然数按所含约数的个数可分成三部分:

1. 仅有一个正约数的数 1。

2. 有且仅有两个不同正约数的素数(质数),即,除 1 和本身外,没有其他正约数的数。如 2、3、5、7、11……等。

3. 有三个或三个以上不同正约数的合数,即,除 1 和本身外,还有其他正约数的数。如 4、6、8、9、10……等。

远在 2000 多年前,古希腊数学家欧几里德就证明了:"任何一个大于 1 的自然数要么本身就是素数,要么能分解成几个素数的连乘积"。

这就是说,素数是构成自然数的"单位"。有了这个认识,许多有关自然数乃至整数的命题可以简约成只讨论相应的素数问题去解决。

素数的另一个名字质数,与表示物质的最小单元——质子、力学中不再分解的质点是一样的,都是表示最单纯的和不可再分的意思。

人们重视素数的研究,就像把握原子有利于认识物质一样,掌握素数可以促进对于数的了解,从而加深了人类对于数学的认识。

提到素数,首先一个问题就是,有最大素数吗?

这个问题相当于:素数个数是有限还是无限?

早在 2000 多年前,欧几里德对这个问题就有论述,并将结果写入他的名著《几何原本》中,在该书第 4 卷的命题 20 是这样叙述的:"预先给定几个素数,则有比它们更多的素数"。

由此可知,素数个数是无穷多。欧几里德给出的证明在数学中堪称优美的典范。大意是：

设 a、b、c 是预先给定的素数，构造一个数 t：

$t = a \cdot b \cdot c + 1$

则已有的素数 a、b、c 均不能整除 t，故 t 要么本身就是素数，此时 t 不等于 a、b、c 中的任一个；要么它能被不同于 a、b、c 的某个素数整除，因此必然存在一个素数 P 不同于已有素数 a、b、c。例如，

$2 \times 3 \times 5 + 1 = 31$，

$3 \times 5 \times 7 + 1 = 106 = 2 \times 53$。

一般地，有了 n 个素数，就可以构造出 $n+1$ 个素数，因此素数个数有无穷多。

为了判定素数并造出素数表以便于研究素数的性质，公元前 3 世纪的古希腊数学家埃拉托塞尼提出了求素数的程序。它记载在尼科马霍斯的《算术入门》第 13 章中，后世称为埃拉托塞尼筛法。

写出从 3 开始的奇数：3，5，7，9，11，13，15，17，19，21，23，25，27，…；

留下 3，并划去其余的所有 3 的倍数 9，15，21 等；

留下 3 后未划去数中的第一个数 5，划去其后的所有 5 的倍数 25，35，…（15 已被划去不再划），

留下 5 后未划去数中的第一个数 7，划去其后的所有 7 的倍数；

如此继续下去直至最后，则所余下的数都是素数。加上素数 2 即得全部素数。

据说，当年埃拉托塞尼是用一种纸草紧固在木框上，纸草上写着数，凡是要划去的数就挖去（另一种说法是用火烧去），结果在纸草上密密麻麻留下许多洞，像筛子一样，素数"筛子"因此得名。

上述程序还可以做如下简化：

（1）要划掉 p 的倍数，只须从 p^2 开始划起。例如，要划去 7 的倍数时，由于 3×7，5×7 已在划 3 的倍数、5 的倍数时删去了，故只须从 7^2 划起。

（2）为了构造 1 至 n 的素数表，取不超过 n 的平方根的最大素数 p，只须划到 p 的倍数为止。

例如造 100 以内的素数表，只要划到 7 的倍数即可（7 是不超过 $\sqrt{100}$ 的最大素数）。这是因为不超过 $n = 100$ 的任一个合数 $a \cdot b \leqslant \sqrt{n} \cdot \sqrt{n}$ 中，如

果 $b>\sqrt{n}$，则必有 $a<\sqrt{n}$，因而 $a\cdot b$ 已划去。

素数表就是根据这一方法略加改进而造成的。第一个重要的素数表是由布兰克在 1668 年给出的，它包含了直到 100000 的所有自然数的最大素数因子。

不到 200 年，1816 年布克哈特给出了直到 3036000 的所有自然数的最大素数因子。高斯等数学家就是利用这些素数表，通过试验与观察发现有关素数的重要结论的。

在这方面取得令人惊奇成就的，是斯拉夫数学家库利克，他耗费了 20 年直到他死时的 1863 年，获得了一个直到 100330200 的所有自然数的素因数表，全部手稿共 8 卷计 4212 页，在 1867 年 2 月存入维也纳科学院。

1914 年，美国数学家 D·N·莱默在指出库利克的一些错误后又编制出版了从 1 到 10006721 的素数表，长时期一直作为研究素数的重要工具。

1959 年，贝克和格伦贝尔格使素数表突破 1 亿大关。1967 年，琼斯等人继续推进，获得了从 10^n 到 $10^n+150000$ 的素数表，其中 n：8，9，…，14，15。1976 年，贝斯和赫德森计算出直到 1.2×10^{12} 的素数表。

最早使用机器研究素数的是美国加州大学伯克利分校的 D. H. 莱默。他在 1926 年用自行车链子制造了一台研究数的计算机。

加州大学伯克利分校

20 世纪 40 年代后电子计算机的使用，极大地推进了素数的研究，它一方面使我们在极短的时期内急剧地扩大了已知素数的范围，加速了对素数问题的解决。近代关于大素数的突破性进展，几乎都是借助于高速计算机取得的。

另一方面电子计算机也改变了素数表的存在方式。1959 年，贝克与格伦贝尔格将前 600 万个素数制成微型卡片。20 世纪 60 年代初，美国学者宣称，将前 5 亿个素数存储于电子计算机内。

理论上虽说是如此，但实际上找到较大的素数却是一项相当艰巨的工作。

直到 1985 年 9 月，人类所知道的最大素数是一个 65050 位的数：$2^{216091}-1$。而英国原子能局哈维尔实验室的数学家们又获得了目前所知的最大素数：$2^{756839}-1$。它是一个 227832 位数。

更大素数的发现殊荣将属于谁呢？人们正翘首以待！

 知识点

加州大学伯克利分校

加州大学伯克利分校是美国一所公立研究型大学，位于旧金山东湾伯克利市的山丘上。1868 年由加州学院以及农业、矿业和机械学院合并而成，1873 年迁至圣弗朗西斯科（旧金山）附近的伯克利市。该校与斯坦福大学、加州大学洛杉矶分校等一同被誉为美国工程科技界的学术领袖。

 延伸阅读

泰 勒

泰勒（1685～1731），英国数学家。18 世纪早期牛顿学派最优秀的代表人物之一。泰勒的主要著作是 1715 年出版的《正的和反的增量方法》，提出著名的泰勒定理。但泰勒于证明当中并没有考虑级数的收敛性，因而使证明不严谨，这一工作直至 19 世纪 20 年代才由柯西完成。泰勒定理开创了有限差分理论，使任何单变量函数都可展成幂级数；同时，亦使泰勒成了有限差分理论的奠基者。泰勒于书中还讨论了微积分对一系列物理问题之应用，其中以有关弦的横向振动之结果尤为重要。他透过求解方程导出了基本频率公式，开创了研究弦振问题之先河。1715 年，他出版了《线性透视论》。他以极严密之形式展开其线性透视学体系，其中最突出之贡献是提出和使用"没影点"概念，这对摄影测量制图学之发展有一定影响。

伪素数之谜

千奇百怪的**数**

高　斯

德国数学家高斯在 1801 年他的名著《算术探索》中说过："辨别素数与合数并且将合数分解素因数，这是算术中的一个重要而有用的问题，科学本身的价值似乎要求使用一切可能的方法来解决如此优美而又著名的问题。"

17 世纪法国大数学家费马在给法国数学家梅森（1588～1648）的一封信中，曾提到这样的事实：2^p-2 能被素数 p 整除。后来在 1640 年 10 月 18 日给贝西的信中又说，他已证明了一个更广的定理：

如果 p 是一个素数，且 a 不能被 p 整除，则 a^p-1 能被 p 整除（也可等价地说成：a^p-a 能被素数 p 整除）。

后人称之为费马小定理。它奠定了素数判定的现代方法的基础。

按照费马小定理，如果奇数 n 不能整除 2^n-2，则 n 必是合数。但是，如果奇数 $n>1$ 能整除 2^n-2，那么 n 是否是素数？换句话说，费马小定理的逆命题是否成立呢？

对于 $1<n<300$ 的计算表明，能整除 2^n-2 的奇数 n 确实都是素数。很长时期人们一直认为费马小定理的逆命题是正确的，德国大数学家莱布尼茨曾先后在 1680 年 6 月和 1681 年 12 月两次宣布，他证明了：如果 n 不是素数，则 2^n-2 不能被 n 整除（它的等价的逆否命题是，如果 2^n-2 能被 n 整除，则 n 为素数。这里整数 $n>1$）。

1742 年 4 月，德国数学家哥德巴赫在给欧拉的信中曾表示要证明费马小定理的逆命题。直到 1819 年，法国数学家沙路斯首先发现，虽然 341（$=11\times31$）整除 $2^{341}-2$（这只须证明 11 与 31 都整除 $2^{340}-1$），但 341 是合数。人们才认识到费马小定理的逆命题是错误的。

1830 年，一位不愿透露姓名的德国人更一般地否定了费马小定理的逆

命题。按他的证明思路，只要能找到两个奇素数 p 与 q，使得它们的积 pq 能同时整除 $2^{p-1}-1$ 与 $2^{q-1}-1$，那么就可保证 pq 整除 $2^{pq-1}-1$。换句话说，就找到一个合数 $n=pq$ 整除 $2^{n-1}-1$。例如，他举出一个例子，取 $p=11$，$q=31$，易验证 341（即 p 与 q 之积）能整除 $2^{10}-1$ 与 $2^{30}-1$，从而 341 整除 $2^{340}-1$。

除了 341 以外，人们还发现了合数 561，645，1105，1387，1729，1905 等也具有上述性质。于是，人们把这种数（能整除 2^n-2 的合数 n）称为伪素数。数学家普列特在伪素数的研究上花费了很大精力，并在 1926 年得出 5 千万以内的伪素数表，12 年后又将此表扩充到 1 亿以内。因此，伪素数又叫普列特数。

围绕着伪素数曾产生过许多有趣的问题。

第一个问题是，怎样能得到伪素数？

伪素数有多少个？已经证明，有无穷多个奇的伪素数！即，整除 $2^{n-1}-1$ 的奇合数 n 有无穷多个。一个较简单的证明是由数学家麦洛在 1903 年给出的。他首先给出了构造伪素数的方法：如果 n 是奇伪素数，则 $n'=2^n-1$ 也是奇伪素数。由此推出，如果 n_0 是奇伪素数（例如 341），则 $n_1=2^{n_0}-1$，$n_2=2^{n_1}-1$，$n_3=2^{n_2}-1\cdots\cdots$皆为奇伪素数。因而，奇伪素数有无穷多个。

另外一个构造奇伪素数的巧妙方法是，任取一个大于 3 的素数 p，则 $n=(4^p-1)/3$ 必是奇伪素数。

例如，取 $p=5$，则 $n=(4^5-1)/3=341$ 是伪素数。由于大于 3 的素数 p 有无穷多，因而形如 $(4^p-1)/3$ 的奇伪素数也有无穷多个。

第二个问题是，除了奇伪素数，是否有偶伪素数？

这个问题曾长期困扰着人们，直到 1950 年美国大数学家莱默找到了第一个偶伪素数 161038。他的验证基于这样的事实：首先 $161038=2\times73\times1103$，又 $2^{161037}-1$ 能被素数 73 和 1103 整除，故 $2^{161038}-2=2(2^{161037}-1)$ 能被 161038 整除。

莱默的发现无疑引起了人们探索偶伪素数的兴趣。第二年，荷兰阿姆斯特丹的毕格尔又找到 3 个新的偶伪素数：$215326=2\times151\times713$，$2568226=2\times713\times1801$，$143742226=2\times713\times100801$。并从理论上证明了，存在无穷多个偶伪素数。

第三个问题是，伪素数既然是合数，那么每个伪素数含有多少个不同素数因子？

早在 1936 年美国数学家 D. H. 莱默就证明了，含有两个不同素数因子的伪素数有无穷多个。后来，1949 年他又进一步证明了有无穷多个伪素数具有 3 个不同的素数因子。

同年，美国数学家爱尔特希证明了一般的情形：有无穷多个伪素数具有任意指定个数的不同素数因子。

前面的伪素数是针对费马小定理中 $a=2$ 的情形提出的，而把整除 2^n-2 的合数 n 称为伪素数。由于伪素数在素数判定中的重要性，驱使人们研究更一般的情形，而把整除 a^n-a 的合数 n（这里 $a \geqslant 2$，a 与 n 互质）称为以 a 为底的伪素数，简记作 a—伪素数。

例如，合数 91 整除 $3^{91}-3$，故 91 是以 3 为底的伪素数。前段的普列特数是以 2 为底的伪素数。

1904 年意大利数学家奇波拉给出一种构造 a—伪素数的方法：

对于已知的整数 $a \geqslant 2$，取 p 是任一个奇素数，使得 p 不能整除 $a(a^2-1)$，则 $n=(a^n-1)/(a^2-1)$ 必是 a—伪素数。

例如，对于底数 $a=3$。取 $p=5$，显然 5 不能整除 $3 \times (3^2-1)$，则 $n=(3^{10}-1)/(3^2-1)=7381$。易证，7381 能整除 $3^{7381}-3$，因而是以 3 为底的伪素数。

对于给定的每一个整数 $a \geqslant 2$，显然有无穷多个奇素数 p 不能整除 $a(a^2-1)$，故 a—伪素数 $n=(a^n-1)/(a^2-1)$ 有无穷多个。

在一般伪素数的研究中，尚遗留了许多未解决的问题。例如：

1952 年由杜帕克提出，能否存在无穷多个伪素数，它们同时以 2 和 3 为底。已知这样的最小伪素数是 1105，即 $2^{1105}-2$ 与 $3^{1105}-3$ 都能被合数 1105 整除。一般地，能否存在无穷多个伪素数，同时以两个不同的整数 a 与 b 为底？（这里 $a \geqslant 2$，$b \geqslant 2$，且 a 与 b 不是同一个整数的幂）。

与素数分布一样，人们经过观察发现，对于每一个 $x>170$，在 x 与 $2x$ 之间必存在一个伪素数。

以上的问题与猜测至今仍是一些谜。

知识点

哥德巴赫

哥德巴赫（1690～1764）是德国数学家；出生于格奥尼格斯别尔格

（现名加里宁城）。曾在英国牛津大学学习；原学法学，由于在欧洲各国访问期间结识了柏努利家族，所以对数学研究产生了兴趣。1725年到俄国，同年被选为彼得堡科学院院士；1725～1740年担任彼得堡科学院会议秘书；1742年移居莫斯科，并在俄国外交部任职。哥德巴赫并不是职业数学家，而是一个喜欢研究数学的富家子弟。1742年，他在给好友欧拉的一封信里陈述了他著名的猜想——哥德巴赫猜想，成为关于数学的一场革命。

 延伸阅读

丢番图的墓志铭

丢番图是一位古希腊数学家，他生活在公元 3 世纪，距欧几里得相差 500 多年，他的最有名的著作是《算术》，对于后世及代数影响巨大。

丢番图的生平不很清楚，不过他的墓志铭却泄露一点儿情况：

坟中安葬着丢番图

多么令人惊讶

它忠实地记录了所经历的道路

上帝给予的童年占六分之一，

又过十二分之一，两颊长胡

再过七分之一，点燃起结婚的蜡烛

五年之后天赐贵子

可怜迟到的宁馨儿

享年仅及其父之半，便进入冰冷的坟墓，

悲伤只有用算术的研究去弥补

又过四年，他也走完了人生的旅途。

这段列成方程即是

$$\frac{1}{6}x+\frac{1}{12}x+\frac{1}{7}x+5+\frac{1}{2}x+4=x$$

$x=84$，这个方程是确定方程。在他著的《算术》中既有一、二、三次的代数方程（确定方程），也有不定方程，但他更主要以不定方程方面的贡献而知名。因此，现在不定方程被称为丢番图方程，研究不定方程求解问

题的方法也称为丢番图分析、丢番图逼近、丢番图几何等等。

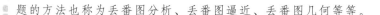

π 之谜

圆是人们最常见的一种曲线，也是人们最早认识的一种曲线，还是人们用得最多的一种曲线。

人们很早就知道，一个圆的周长和它的直径的比是一个常数，这个比值与圆的直径大小无关。我们常把这个数叫圆周率。在中国古代，圆周率有过许多名称，例如圆率、圆率周等等。现在用希腊字母 π 来表示它。

最早将 π 与圆周率联系起来的人是英国数学家奥特雷德，他于 1647 年首次用 π/δ 表示圆周率，其中 π 是希腊文圆周的第一个字母，δ 是希腊文直径的第一个字母。1706 年，英国另一位数学家琼斯首次用单独的 π 表示圆周率。当时由于他的名气太小，这种表示法并未引起人们的响应，直到 1736 年，瑞士大数学家欧拉倡议使用 π 作为圆周率的符号，才得到数学家们的赞同。从此世界上逐渐通行以 π 表示圆周率的值。

π

虽然人们早就知道 π 是个常数，但几千年来人们对它的认识却进展缓慢。时至今日，电子计算机虽已计算出 π 的 60 亿亿位小数值，人们也已证明了 π 是一个无理数和超越数，但对它的许多理论性质认识并不完善，还有待我们不断探索。

首先是古人对圆周率计算的方法，例如祖冲之密率 355/113 是怎样求得的？目前有几种推测，但由于祖冲之的著作《缀术》已失传，原始计算方法难有定论。此外《九章算术》注释中有一个将 π 表示为 3927/1250 的式子，该式为谁所创？至今也无定论。

另外，π 如果不是分数，如何计算它呢？

我们知道 π 不是分数，因此将它计算到非常高的精度的方式并不是那么显而易见。为此，数学家使用了很多巧妙的公式来得到 π 的精确值，这些公式都是精确的，而且都涉及了一些会永远进行下去的过程。只要在达到"永远"之前停止，就能找到相当接近 π 的近似值。

事实上，数学为我们提供的东西非常丰富，因为 π 的固有魅力之一是它出现在大量漂亮公式中的趋势。它们通常是无穷级数，无穷乘积，或无穷分数。下面是几个典型公式。

第一个公式是 π 最早的表达式之一，由弗朗索瓦·韦达在 1593 年发现。它与 2n 边的多边形有关：

$$\frac{2}{\pi} = \sqrt{\frac{1}{2}} \times \sqrt{\frac{1}{2} + \frac{1}{2}\sqrt{\frac{1}{2}}} \times \sqrt{\frac{1}{2} + \frac{1}{2}\sqrt{\frac{1}{2} + \frac{1}{2}\sqrt{\frac{1}{2}}}} \times \cdots$$

下一个公式是约翰·威利斯于 1655 年发现的：$\frac{\pi}{2} = \frac{2}{1} \times \frac{2}{3} \times \frac{4}{3} \times \frac{4}{5} \times$

$\frac{6}{5} \times \frac{6}{7} \times \frac{8}{7} \times \frac{8}{9} \times \cdots$

大约在 1675 年，詹姆斯·格雷戈里和莱布尼茨都发现了：

$$\frac{\pi}{4} = 1 - \frac{1}{3} + \frac{1}{5} - \frac{1}{7} + \frac{1}{9} - \frac{1}{11} + \frac{1}{13} - \cdots$$

这种收敛太慢，因而对计算 π 没有任何帮助；也就是说，优秀的近似值需要许多项。但是在 18 和 19 世纪，人们常常用密切相关的级数来求 π 的前几百位小数。欧拉发现了一堆公式，如下所示：

$$\pi^2 = 1 + \frac{1}{2^2} + \frac{1}{3^2} + \frac{1}{4^2} + \frac{1}{5^2} + \cdots$$

$$\frac{\pi^3}{3^2} = 1 - \frac{1}{3^3} + \frac{1}{3^3} - \frac{1}{7^3} + \frac{1}{9^3} - \frac{1}{11^3} + \cdots$$

$$\frac{\pi^4}{90} = 1 + \frac{1}{2^4} + \frac{1}{3^4} + \frac{1}{4^4} + \frac{1}{5^4} + \frac{1}{6^4} + \cdots$$

对于其他这些公式，需要用"西格玛符号"来求和。其中心思想是我们可以用更紧凑的形式来书写 π²/6 的级数：

$$\frac{\pi^2}{6} = \sum_{n=1}^{\infty} \frac{1}{n^2}$$

展开这个公式，∑ 符号是希腊字母 σ 的大写，用来"求和"，表示将它右边的所有数加在一起，也就是 $1/n^2$。∑ 下面的"n=1"表示我们从 n=1 开始加起，根据惯例，n 是依次增加的正整数。∑ 上方的 ∞ 表示"无穷"，代表一直加这些数直至永远。因此，这个公式与我们前面看到的级数表达式相同，只不过写成了这样的指令："对于 n=1，2，3……将项 $1/n^2$ 相加，一直

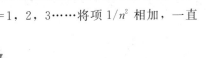

继续下去"。

大约 1985 年，乔纳森和彼得发现了这个级数：

$$\frac{1}{\pi} = \frac{2\sqrt{2}}{9801} \sum_{n=1}^{\infty} \frac{(4n)!}{(n!)^4} \times \frac{1103 + 26390n}{(4 \times 99)^{4n}}$$，它的收敛极快。1997 年，大卫·

贝利、彼得·波温和西蒙·普劳夫发现了一个公式：

$$\pi = \sum_{n=0}^{\infty} (\frac{4}{8n+1} - \frac{2}{8n+4} - \frac{1}{8n+5} - \frac{1}{8n+6})(\frac{1}{16})^n$$

为什么这个公式如此特殊？因为它可以实现计算 π 的特定位的数字，而不需要先计算它前面的数字。美中不足的是它们不是十进制数字：它们是十六进制（基数 16），通过它我们也可以计算基数为 8（八进制）、基数为 4（四进制）、基数为 2（二进制）的给定数字。1998 年，法布里。巴拉德用这个公式得出 π 的第 1000 亿位十六进制数字为 9。在两年的时间里，这一记录被提升到了 250 万亿位十六进制数（1 万亿二进制数字）。

关于 π，还有许多疑团值得人类研究和探讨。

有人做过一些统计，发现 0～9 这 10 个数码在 π 写出的数值中出现的次数大致相等。如果在实数的十进小数中每个数码出现的次数平均为 1/10，每一对有序数码出现的次数平均为 1/100，等等，则这个数叫完全正则的。π 究竟是否完全正则？尚无证明。

π 有许多巧合的数字特征，例如在 762～767 位上连续出现 6 个 9。那么其他数码是否会在 π 值中这样连续出现 6 个呢？

此外 0123456789 这种排列的数字段是否在 π 值中一定出现？01001000100001 等特殊排列的数字段是否在 π 值中存在？π 的前几位数能否成为完全平方数？等等，都是尚未解决的问题，有待于数学理论的进一步发展和数学家们的不懈努力。

知识点

祖冲之

祖冲之（429～500），是我国杰出的数学家、天文学家、文学家、地质学家、地理学家。南北朝时齐人，祖籍范阳郡道县（今河北涞水县）。祖冲之在世界数学史上第一次将圆周率（π）值计算到小数点后六

位。他提出约率22/7和密率355/113，这一密率值是世界上最早提出的，比欧洲早1100年，所以有人主张叫它"祖率"，也就是圆周率的祖先。他将自己的数学研究成果汇集成一部著作，名为《缀术》，唐朝国学曾经将此书定为数学课本。他不仅是一位杰出的数学家和天文学家，而且还是一位杰出的机械专家。重新造出早已失传的指南车、千里船、水碓磨等巧妙机械多种。

祖冲之之子祖暅

祖冲之的儿子祖暅，也是一位杰出的数学家，他继承他父亲的研究，创立了球体体积的正确算法。在天文学方面，他也能继承父业。他曾著《天文录》三十卷，《天文录经要诀》一卷，可惜这些书都失传了。他父亲制定的《大明历》，就是经他三次向梁朝政府建议，才被正式采用的。他还制造过记时用的漏壶，造得很准确，并且作过一部《漏刻经》。

著名的"祖暅原理"就是由他首先提出来的，据说这是父子合作的成果。他们用巧妙的方法解决了球体体积的计算。他们当时采用的一条原理是："幂势既同，则积不容异。"意即：位于两平行平面之间的两个立体，被任一平行于这两平面的平面所截，如果两个截面的面积恒相等，则这两个立体的体积相等。在西方被称为"卡瓦列利原理"，但这是在祖暅以后一千多年才由意大利数学家卡瓦列利发现的。

能无限分割尺子吗

中国战国时代的哲学家庄子在《庄子》一书的《天下》篇中说："一尺之棰，日取其半，万世不竭。"就是说，一尺长的木棒或尺子，每天去掉一半，永远都不会完结。

这从纯数学推理的角度无可挑剔：$\frac{1}{2}$，$\frac{1}{4}$，$\frac{1}{8}$，…，但永不为0。这里，隐含了一个重要的哲学思想：物质是无限可分的。

不过，庄子的好友惠施却是另一种观点——物质不是无限可分的："至小无内，谓之小一。"就是说，物质有最小单位"小一"，它不可再分。古希腊哲学家德谟克里特（约前460~约前370）也从哲学角度最早提出物质不是无限可分的。他相信所有的物质都是由毁坏不了的小"颗粒"——"原子"组成的。原子（atom）这个词来自于希腊语 atomos（不可分的），这些原子的各种组合构成了我们周围的世界。

那么，是不是"一尺长的木棒或尺子，每天去掉一半，永远都不会完结"呢？或者问："公孙龙还能够分割他的尺子吗？"物质又是否可以无限分割呢？

古希腊的哲学家们曾就一条线段——或者任何数量，是不是可无限地被分割，或者说是不是可以最终得到一个不可分割的点即"原子"等问题，展开了无休止的争论。

他们的追随者——哲学家们，一直在探讨同一个问题：物质无限可分吗？

他们的现代追随者——物理学家们，今天仍然还在设法解决同一个问题：用巨大的粒子加速器寻找"基本粒子"——那些构成整个宇宙的"基本砖块"。

对于这些问题，英国物理学家、数学家詹姆士·克勒克·麦克斯韦也

麦克斯韦

思考过，他说："人类的心智被很多难以解决的问题困扰着。空间是无限的吗？是什么意义上的无限？物质世界在范围上是无限的吗？而且，在这个范围内所有空间都同样充满物质吗？原子存在吗？或者说原子是无限可分的吗？"

德谟克里特的观点潜伏了2000多年，直到英国物理学家、化学家约翰·道尔顿（1766~1844）把它作为他的化合作用理论的基础时，它才得以复苏。说起道尔顿，可能没有研究物理学和化学的人不太熟悉，但说到色盲，就不是尽人皆知了——他就是色盲病的最早发现人。

到了 20 世纪，原子首先被核子（即中子和质子）所取代，后来为亚核粒子所代替。随着法国物理学家贝克勒尔（1852～1908）发现放射性，在 1900 年前后首次出现了原子终究可被分割的迹象。接着，是出生在新西兰的英国物理学家卢瑟福（1871～1937）在分裂原子方面的实验。在 1932 年，是英国物理学家查德威克（1891～1974）发现中子，从而证明不仅是原子，而且原子核也有一个内部结构。

从此以后，对所谓基本粒子的搜寻，已成了由整个科学界参加的大型竞赛的一部分。几乎每年都在发现和宣布大量新的"基本粒子"，而且带有很大的炫耀成分，但是到后来都被证明可分解为更小的粒子。给出的这些粒子的列表与人们给这些新发现起的名字一样使人感到迷惑：重子、轻子、介子和夸克⋯⋯

然而，是不是真的存在最终的基本粒子，或者说是不是我们在白费力气地搜寻一种理想化的概念（其存在不比数学点的存在更真实），这个问题还悬而未决。像小孩儿的玩具蛋一样，其内部还藏着一个较小的蛋，较小的蛋内部还有一个更小的，我们必须仔细酌量物质永远也不会向我们展示其最内部的秘密的可能性。

另一方面，自从德国物理学家马克斯·普朗克（1858～1947）在 1900 年提出能量必须以某一基本量——量子的整数倍存在之后，能量"原子"的存在才得以牢固确立。普朗克的量子——后来被称为光（量）子，成了量子理论的基础。

由此看来，物质是否可以无限被分割这个问题，至今仍没有定论。

但是，我们却可以对"公孙龙还能够分割他的尺子吗"这个问题，做出确定的回答。

我们知道，现代科学方法能切开目前粒子物理实验可达到的 10^{-18} 米尺度，但切开的却是一些"基本粒子"。实际上，这也是不可能的，因为"基本粒子"的寿命极短（如中性 π 介子存在的时间是 10^{-17} 秒数量级）。在微观世界里，通常的"线度"概念已荡然无存，唯存瞬息万变的"基本粒子"。

那么，"一尺之棰"经"万世"之后是什么样呢？以 1 尺 ≈ 0.33 米计算，经过两个月以后，不难算出它的长度为 10^{-19} 米数量级。也就是说，已经达到了当今物理学的最小尺度，根本无法再"取其半"了。经"万世"之后，其值之小，就不需要我们特别说明了。

由此可见，公孙龙老早就不能分割他的尺子了！

这样，一个悖论就出现了，一个从纯数学推理的角度无可挑剔的、被誉为"原始的极限思想"的"一尺之棰，日取其半，万世不竭"论，被事实证明是荒谬的。

麦克斯韦

麦克斯韦（1831～1879），英国物理学家、数学家。科学史上，称牛顿把天上和地上的运动规律统一起来，是实现第一次大综合，麦克斯韦把电、光统一起来，是实现第二次大综合，因此应与牛顿齐名。1873年出版的《论电和磁》，也被尊为继牛顿《自然哲学的数学原理》之后的一部最重要的物理学经典。因为没有电磁学就没有现代电工学，也就不可能有现代文明。麦克斯韦生前没有享受到他应得的荣誉，因为他的科学思想和科学方法的重要意义直到20世纪科学革命来临时才充分体现出来。

数学弥补法拉第的缺憾

麦克斯韦的电学研究始于1854年，当时他刚从剑桥毕业不过几星期。他读到了法拉第的《电学实验研究》，立即被书中新颖的实验和见解吸引住了。在当时人们对法拉第的观点和理论看法不一，有不少非议。最主要的原因就是当时"超距作用"的传统观念影响很深。另一方面的原因就是法拉第的理论的严谨性还不够。法拉第是实验大师，有着常人所不及之处，但唯独欠缺数学功力，所以他的创见都是以直观形式来表达的。一般的物理学家恪守牛顿的物理学理论，对法拉第的学说感到不可思议。麦克斯韦相信法拉第的新论中有着不为人所了解的真理。认真地研究了法拉第的著作后，他感受到力线思想的宝贵价值，也看到法拉第在定性表述上的弱点。于是这个刚刚毕业的青年科学家决定用数学来弥补这一点。1873年麦克斯韦的《电磁学通论》问世了，书中，麦克斯韦采用风格极为新式的关于项的对称性与矢量结构的论证，以最普遍的形式表示出电磁系统的拉格朗日函数，从而让法拉第的理论更能让人理解和接受。

亲和数之谜

人和人之间讲友情，有趣的是，数与数之间也有相类似的关系，数学家把一对存在特殊关系的数称为"亲和数"。

遥远的古代，人们发现某些自然数之间有特殊的关系：如果两个数 a 和 b，a 的所有真因数之和等于 b，b 的所有真因数之和等于 a，则称 a、b 是一对亲和数。

据说，毕达哥拉斯的一个门徒向他提出这样一个问题："我结交朋友时，存在着数的作用吗？"

毕达哥拉斯毫不犹豫地回答："朋友是你的灵魂的倩影，要像 220 和 284 一样亲密。"

又说："什么叫朋友？就像这两个数，一个是你，另一个是我。"

后来，毕氏学派宣传说：人之间讲友谊，数之间也有"相亲相爱"。

从此，把 220 和 284 叫做"亲和数"或者叫"朋友数"或叫"相亲数"。这就是关于"亲和数"这个名称来源的传说。

毕达哥拉斯首先发现 220 与 284 就是一对亲和数，在以后的 1500 年间，世界上有很多数学家致力于探寻亲和数，面对茫茫数海，无疑是大海捞针，虽经一代又一代人的穷思苦想，有些人甚至为此耗尽毕生心血，却始终没有收获。

公元 9 世纪，伊拉克哲学、医学、天文学和物理学家泰比特·依本库拉曾提出过一个求亲和数的法则，因为他的公式比较繁杂，难以实际操作，再加上难以辨别真假，16 世纪，有人认为自然数里就仅有这一对亲和数。还有一些人给亲和数抹上迷信色彩或者增添神秘感，编出了许许多多的神话故事。还宣传这对亲和数在魔术、法术、占星术和占卦上都有重要作用等等。

距离第一对亲和数诞生 2500 多年以后，历史的车轮转到了 17 世纪，1636 年，法国"业余数学家之王"费马找到第二对亲和数 17296 和 18416，重新点燃寻找亲和数的火炬，在黑暗中找到光明。

两年之后，"解析几何之父"——法国数学家笛卡儿于 1638 年 3 月 31 日也宣布找到了第三对亲和数 9437506 和 9363584。

费马和笛卡儿在两年的时间里，打破了两千多年的沉寂，激起了数学界重新寻找亲和数的波涛。

在 17 世纪以后的岁月，许多数学家投身到寻找新的亲和数的行列，他们企图用灵感与枯燥的计算发现新大陆。可是，无情的事实使他们省悟到，已经陷入了一座数学迷宫，不可能出现法国人的辉煌了。

正当数学家们真的感到绝望的时候，平地又起了一声惊雷。1747 年，年仅 39 岁的瑞士数学家欧拉竟向全世界宣布：他找到了 30 对亲和数，后来又扩展到 60 对，不仅列出了亲和数的数表，而且还公布了全部运算过程。

欧拉采用了新的方法，将亲和数划分为五种类型加以讨论。欧拉超人的数学思维，解开了令人止步 2500 多年的难题，使数学家拍案叫绝。

大数学家欧拉

时间又过了 120 年，到了 1867 年，意大利有一个爱动脑筋，勤于计算的 16 岁中学生白格黑尼，竟然发现数学大师欧拉的疏漏——让眼皮下的一对较小的亲和数 1184 和 1210 溜掉了。这戏剧性的发现使数学家如痴如醉。

在以后的半个世纪的时间里，人们在前人的基础上，不断更新方法，陆陆续续又找到了许多对亲和数。到了 1923 年，数学家麦达其和叶维勒汇总前人研究成果与自己的研究所得，发表了 1095 对亲和数，其中最大的数有 25 位。同年，另一个荷兰数学家里勒找到了一对有 152 位的亲和数。

在找到的这些亲和数中，人们发现，亲和数发现的个数越来越少，数位越来越大。同时，数学家还发现，若一对亲和数的数值越大，则这两个数之比越接近于 1，这是亲和数所具有的规律吗？

电子计算机诞生以后，结束了笔算寻找亲和数的历史。有人在计算机上对所有 100 万以下的数逐一进行了检验，总共找到了 42 对亲和数，发现

10 万以下数中仅有 13 对亲和数。

人们还发现每一对奇亲和数中都有 3、5、7 作为素因数。1968 年波尔·布拉得利和约翰·迈凯提出：所有奇亲和数都是能够被 3 整除的。

1988 年巴蒂亚托和博霍利用电子计算机找到了不能被 3 整除的奇亲和数，从而推翻了布拉得利的猜想。他找到了 15 对都不能被 3 整除的奇亲和数，它们都是 36 位大数。作为一个未解决的问题，巴蒂亚托等希望有人能找到最小的。

另一个问题是是否存在一对奇亲和数中有一个数不能被 3 整除。

还有一个欧拉提出的问题，是否存在一对亲和数，其中有一个奇数，另一个是偶数？因为现在发现的所有奇偶亲和数要么都是偶数，要么都是奇数。

这些都是有待解决的问题。

笛卡儿

笛卡儿（1596—1650），法国哲学家、科学家和数学家。他对现代数学的发展作出了重要的贡献，因将几何坐标体系公式化而被认为是解析几何之父。此外，现在使用的许多数学符号都是他最先使用的，这包括了已知数 a，b，c 以及未知数 x，y，z 等，还有指数的表示方法。他还发现了凸多面体边、顶点、面之间的关系，后人称为欧拉—笛卡儿公式。他还是西方现代哲学思想的奠基人，是近代唯物论的开拓者，他提出了"普遍怀疑"的主张。他的哲学思想深深影响了之后的几代欧洲人，开拓了所谓"欧陆理性主义"哲学。

笛卡儿的四条规则

笛卡儿被广泛认为是西方现代哲学的奠基人，他第一个创立了一套完整的哲学体系。他的名言"我思故我在",强调认识中的主观能动性,直接启发了康德,成为从康德到黑格尔的德国古典哲学的主题,推动了辩证法的发展。笛卡儿是一个二元论者以及理性主义者。笛卡儿认为,人类应该可以使用数学的方法——也就是理性——来进行哲学思考。他相信,理性比感官的感受更可靠。他从逻辑学、几何学和代数学中发现了四条规则:除了清楚明白的观念外,绝不接受其他任何东西;必须将每个问题分成若干个简单的部分来处理;思想必须从简单到复杂;我们应该时常进行彻底的检查,确保没有遗漏任何东西。笛卡儿将这种方法不仅运用在哲学思考上,还运用于几何学上,并创立了解析几何。

纸草书中的分数之谜

位于非洲北部尼罗河三角洲上的埃及是世界上文化发达最早的几个地区之一。气势雄伟的金字塔,巍峨壮观的狮身人面像,每年都吸引着大批来自世界各地的观光游客。关于金字塔是如何建造的,虽引起许多人的猜测,但至今依然没有解开这个谜。可是,同样起源于古代埃及的一个千年数学之谜,知之者却不多,它便是出现在赖因德数学纸草书上的单分数问题。

埃及莎草纸画

赖因德纸草首先列了如下一个分数表:

$$\frac{2}{3} = \frac{2}{3}$$

$$\frac{2}{5} = \frac{1}{3} + \frac{1}{15}$$

$$\frac{2}{7} = \frac{1}{4} + \frac{1}{28}$$

$$\frac{2}{9} = \frac{1}{6} + \frac{1}{18}$$

……

$$\frac{2}{101} = \frac{1}{101} + \frac{1}{202} + \frac{1}{303} + \frac{1}{606}$$

它把分子都是 2、分母是从 3 到

101 的所有奇数的分数（除 $\frac{2}{3}$ 以外）分解成若干个单分数（即分子为 1 的分数）之和的形式。这便是所谓的埃及单分数问题。

赖因德纸草书上的许多问题都涉及分数的运算，而这些运算又都是利用单分数进行的，因此上述的数表显然是作者为了便于分数的运算而做。值得提出的是，古埃及人的这种计算方式，如果说在分数出现的早期似乎有点巧妙，那么当大量使用分数时，它就显得烦琐。然而令人惊奇的是，这种方式在欧洲居然一直延续使用到 16 世纪。

看过这个数表，自然会产生一连串问题。首先，真分数都能表示成单分数的和吗？如果其中的单分数允许重复，显然是办得到的。

例如，设真分数为 $\frac{m}{n}$（$n>m>0$），则 $\frac{m}{n}$ 可表成 m 个 $\frac{1}{n}$ 的和：$\frac{m}{n}=\frac{1}{n}+\cdots+\frac{1}{n}$。如果其中的单分数不允许重复，是否又能办得到呢？事实上，早在 1202 年，意大利数学家斐波那契就给出，1880 年由英国数学家西尔威斯特证明了：任何真分数都可分解成若干个不同的单分数之和。斐波那契算法还表明，任何一个真分数 $\frac{m}{n}$ 可分解成不超过 m 个不同的单分数的和。

问题到此似乎完结，但若稍加思考，必然会问：分解是否唯一呢？答案是否定的。例如：

$$\frac{2}{3}=\frac{1}{2}+\frac{1}{6}, \quad \frac{2}{3}=\frac{1}{2}+\frac{1}{7}+\frac{1}{42},$$

$$\frac{2}{3}=\frac{1}{2}+\frac{1}{7}+\frac{1}{43}+\frac{1}{1806}, \quad \cdots\cdots$$

实际上，由于 $\frac{1}{n}=\frac{1}{n+1}+\frac{1}{n(n+1)}$，所以，任一个真分数分解成或表示成不同的单分数的和，可以有无穷多种方法。

既然，真分数表示成单分数的和的方法不唯一，那么是否有好的表示法呢？何谓好的表示法？

很自然，我们可以认为在真分数 $\frac{m}{n}$ 的众多表示法中所含单分数的项数最少的表示法是一种好表示法（不妨称为第一类好表示法），或者认为所含单分数最大分母为最小的表示法是一种好表示法（称为第二类好表示法）。

例如，由于 $\frac{2}{3}$ 不是单分数，所以它至少能分解成两个或两个以上单分数的和。

于是，$\frac{2}{3} = \frac{1}{2} + \frac{1}{6}$ 是 $\frac{2}{3}$ 的第一类好表示法。同时也可证明这种表示法还是 $\frac{2}{3}$ 的第二类好表示法，就是说在 $\frac{2}{3}$ 的其他表示法中，它们的最大分母都大于 6。

应该指出，对有的真分数，它的第一类好表示法就不是第二类好表示法。如，$\frac{31}{60} = \frac{1}{2} + \frac{1}{60}$ 是 $\frac{31}{60}$ 的第一类好表示法，但是 $\frac{31}{60} = \frac{1}{3} + \frac{1}{10} + \frac{1}{12}$，所以前一表示法不是 $\frac{31}{60}$ 的第二类好表示法。解决第二类好表示法问题要比解决第一类好表示法问题困难。但是，对第一类好表示法的问题也没有完成。

对赖因德纸草书上出现的形如 $\frac{2}{n}$（n 是奇数）的分数是容易求得其第一类好表示法的。

实际上，当 n 是奇数时，$\frac{2}{n} = \frac{1}{b} + \frac{1}{bn}$，$b = \frac{n+1}{2}$ 便是 $\frac{2}{n}$ 的第一类好表示法。人们还找到了分数 $\frac{m}{n}$（$m > 0$，$n > 0$）能表示成两个不同的单分数的和的充要条件。可是，对于不满足条件的分数的第一类好表示法的解答却不令人满意。

例如，对于比较简单的分数 $\frac{4}{n}$，有无穷多个 n 使 $\frac{4}{n}$ 不能表示成两个单分数的和，那么 $\frac{4}{n}$ 是否总能表示成 3 个单分数的和呢？有人猜想是肯定的。但是这个猜想的证明至今未解决。这可以说是由赖因德纸草书引发的一个数学谜团。

赖因德纸草书上的这个数表所给分数的分母都是奇数，又使我们联想到是否这些分数可以表示成分母都是奇数的不同的单分数的和？似乎是可能的。

因为，$\frac{2}{3} = \frac{1}{3} + \frac{1}{5} + \frac{1}{9} + \frac{1}{45}$，$\frac{2}{5} = \frac{1}{3} + \frac{1}{15}$，$\frac{2}{7} = \frac{1}{7} + \frac{1}{9} + \frac{1}{35} + \frac{1}{315}$ 等。可迄今为止尚无像斐波那契算法那样的具体方法。这又是一个谜团。

围绕埃及单分数问题的谜团还有很多。最后，我们只想提几个跟纸草书密切相关的问题。古埃及人为什么要利用单分数进行分数计算，是他们

对于除了单分数和 $\frac{2}{3}$ 以外的分数不能理解，还是他们不利用单分数就不知如何计算？还有，按照斐波那契算法所得结果和赖因德纸草书给出的数表是不一致的，那么，古埃及人是怎样得到这些结果的？这一问题到今天也没有给出圆满的答案。

令人不解的还有，$\frac{2}{3}$ 这个分数在纸草书中经常出现且有特殊的表达方法，为何古埃及人对分数 $\frac{2}{3}$ 这样钟爱？这些问题就像纸草书一样古老、神秘，正期待着有志者去探索。

西尔威斯特

西尔威斯特（1814～1897），英国数学家。1831 年以后他先后在剑桥大学圣约翰学院和都柏林大学三一学院学习，1841 年被聘为美国弗吉尼亚大学数学教授，1883 年返回英国，任牛津大学几何学的教授。西尔威斯特在方程论、行列式和矩阵理论、不变量理论、线性结合代数、标准型、数论等方面都作出了贡献。西尔威斯特具有丰富的想像力和创造精神，他的思维开阔、机敏，善于用火一般的热情表述他的思想，他创造了许多数学名词，例如不变量、判别式、黑赛矩阵、雅可比行列式、析配法、零化子、二次型的惯性律等。

莎草纸

古埃及人很早就学会了用莎草（也称纸草）做纸。这种纸比中国发明的造纸术还要早许多年。由于埃及历史的中断，这种纸在历史上消失了2000 多年。成功仿制莎草纸的，是曾任埃及驻中国的第一任大使哈桑·拉杰布。1968 年退休后，他潜心研究莎草纸制造技术，终于如愿以偿地找到了古人的方法，使古埃及这一文化精粹得以重见天日。

生产莎草纸的原料是莎草的茎。先将莎草茎的硬质绿色外皮削去，把浅色的内茎切成 40 厘米左右的长条，再切成一片片薄片。切下的薄片要在水中浸泡至少 6 天，以除去所含的糖分。之后，将这些长条并排放成一层，然后在上面覆上另一层，两层薄片要互相垂直。将这些薄片平摊在两层亚麻布中间趁湿用木槌捶打，将两层薄片压成一片并挤去水分，再用石头等重物压（现在一般用机器压制），干燥后用浮石磨光就得到纸草纸的成品。由于只使用纸的一面，在书写的一面要进行施胶处理，使墨水在书写时不会渗开。

卡迈克尔数是否无穷多

利用伪素数表，数学家 D. H. 莱默建议按下列具有实用价值的方法来判定一个奇数 n 是否为素数：

如果 n 不能整除 $2^{n-1}-1$，则依费马小定理知，n 必为合数；如果 n 能整除 $2^{n-1}-1$，且 n 在伪素数表中，则 n 为合数，否则为素数。

显然，这是基于费马小定理的检验法，前面提到的素数快速鉴定法就是对这种检验法的改进。其关键在于如何快速剔除这些"伪装的素数"！

让我们看一下，当 n 整除 $2^{n-1}-1$ 时，n 是合数的可能性有多大？

在前 10 亿个自然数中，共有 50847534 个素数，而在这个范围内以 2 为底的伪素数只有 5597 个，因此，在 n 整除 $2^{n-1}-1$ 的情况下产生合数的可能性是

$$\frac{5597}{50847534+5597} \approx 0.0001100625005475345597，即大约是万分之一。$$

难怪人们把整除 $2^{n-1}-1$ 的正整数 $n>1$ 称之为殆素数。如果不仅有 n 整除 $2^{n-1}-1$ 而且有 12 整除 $3^{n-1}-1$，显然 n 是合数的可能性将进一步减少。根据波梅兰斯等人提供的数据可知，在前 10 亿个自然数中，能同时以 2 和 3 为底的伪素数只有 1272 个，故此时出现合数的可能性是

$$\frac{1272}{50847534+1272} \approx 0.00002501533。$$

也许有人会问，如果 n 能整除 $2^{n-1}-1$，$3^{n-1}-1$，$4^{n-1}-1$，…，那么 n 是合数的可能性是否会趋于 0 呢？遗憾的是，这是不可能的！竟然有这样

的合数 n，无论整数 a 为何值，只要 $a>1$ 且与 n 互质，n 都能整除 $a^{n-1}-1$。

例如 $n=561$ 就是这样的一个数。不难证明，当 $a>1$ 且与 561 互质时，则 $a^{560}-1$ 能被 3、11、17 整除，因而能被它们的积 $3\times11\times17=561$ 整除。这种极端的伪素数，首先是由数学家卡迈克尔在 1912 年发现的，因而称之为卡迈克尔数，也叫绝对伪素数。

最小的卡迈克尔数是 561。美国出版的《科学新闻》杂志在 1982 年第 27 期封面上，赫然印着占据了半个版面的 "561"，并在下面写着："是否为素数"？由此可见，这种伪素数在科学界的地位。由卡迈克尔和 D. H. 莱默所确定的较小的卡迈克尔数有

$561=3\times11\times17$；

$15841=7\times31\times73$；

$101101=7\times11\times13\times101$；

$1105=5\times13\times17$；

$29341=13\times37\times61$；

$115921=13\times37\times241$；

$1729=7\times13\times19$；

$41041=7\times11\times13\times41$；

$126217=7\times13\times19\times73$；

$2465=5\times17\times29$；

$46657=13\times37\times97$；

$162401=17\times41\times233$；

$2821=7\times13\times31$；

$52633=7\times73\times103$；

$172081=7\times13\times31\times61$；

$6601=7\times23\times41$；

$62745=3\times5\times47\times89$；

$188461=7\times13\times19\times109$；

$8911=7\times19\times67$；

$63973=7\times13\times19\times37$；

$252601=41\times61\times101$；

$10585=5\times29\times73$；

$75361=11\times13\times17\times31$。

为了判定一个整数是否是这种极端的伪素数，卡迈克尔引进了一个判

定准则：

如果整数 n 满足下列条件：

（1）n 没有平方因子，即 n 没有相同的素数因子；

（2）n 是奇数且至少有 3 个不同的素数因子；

（3）对于 n 的每一个素数因子 p，$p-1$ 能整除 $n-1$，则 n 为卡迈克尔数。反过来，如果 n 为卡迈克尔数，则 n 必满足上述 3 个条件。

例如，$561=3\times11\times17$，显然满足（1）和（2）。又 $3-1=2$，$11-1=10$，$17-1=16$ 都能整除 $561-1=560$，即条件（3）也满足，故 561 是卡迈克尔数。

1939 年，切尼克给出下面构造卡迈克尔数的方法：

设 m 为自然数，且使 $6m+1$，$12m+1$，$18m+1$ 都是素数，则 $M_3(m)=(6m+1)(12m+1)(18m+1)$ 是含有 3 个素数因子的卡迈克尔数。

例如，取 $m=1$，则 $7\times13\times19=1729$ 是卡迈克尔数。类似地，如果自然数 m，使

$M_k(m)=(6m+1)(12m+1)(9\times2m+1)(9\times2^2m+1)\cdots(9\times2^{k-2}m+1)$ 中的 k 个因子皆为素数（这里自然数 $k\geq4$），则 $M_k(m)$ 是含有 k 个素数因子的卡迈克尔数。

1985 年，杜伯纳得到了下面一些大的卡迈克尔数，但未公开发表：

$m=5\times7\times11\times13\times\cdots\times397\times882603\times10^{185}$ 时的含有 3 个素数因子的卡迈克尔数 $M_3(m)$ 是个 1057 位数，是目前知道的最大的卡迈克尔数。其他的还有

$m=\dfrac{1}{6}\times323323\times655899\times10^{40}$ 时的 $M_4(m)$ 是 207 位数的卡迈克尔数。

$m=\dfrac{1}{6}\times323323\times426135\times10^{16}$ 时的 $M_5(m)$ 是 139 位数的卡迈克尔数。

$m=\dfrac{1}{6}\times323323\times239556\times10^{7}$ 时的 $M_6(m)$ 是 112 位数的卡迈克尔数。

$m=323323\times160\times8033$ 时的 $M_7(m)$ 是 93 位数的卡迈克尔数。

1978 年，约里纳哥发现了 8 个卡迈克尔数，它们都有 13 个素数因子。这是目前所知道的含有素数因子个数最多的一组卡迈克尔数。

一个重要的未解决的问题是，卡迈克尔数是否有无穷多？

1953 年，诺德尔研究了一种比卡迈克尔数更广泛的伪素数：对于每一个整数 $a>1$ 以及给定的自然数 k，能整除 $a^{n-k}-1$ 的所有合数 n 的全体记作

C_k。这里要求 n 比 k、a 都大且 n 与 a 互素。显然 C_1 就是全体卡迈克尔数。

虽然现在还不知道 C_1 是否是无穷集（即卡迈克尔数是否无穷多），然而，有趣的是，1962 年马科夫斯基却证明了当 $k \geqslant 2$ 时，C_k 都是无穷集，即对于每一个给定的 $k \geqslant 2$，相应的诺德尔数有无穷多个。

有人断言，在目前情况下判定卡迈克尔数是否无穷多，几乎没有解决的任何希望！

但事实是否真的如此呢？至今还是一个谜团。

莱默

莱默（1905～1991），美国数学家。1930 年获布朗大学博士学位。1930～1933 年在加利福尼亚理工学院、斯坦福大学和普林斯顿高等研究院做研究工作。1934～1940 年任伯克利大学助理教授。1940～1944 年，任伯克利加利福尼亚大学助理教授，1949 年起任教授。他还曾任设在洛杉矶加利福尼亚大学的标准局数值分析研究所所长。莱默的贡献主要在数论领域，他也是一位计算数学家。他对卢卡斯函数、连分式、柏努利数与多项式、丢番图方程、数值方程、解析数论、模形式、筛法以及计算技术等都有研究。他曾解决过数论中的不少问题，如大整数的分解与是否素数的检验，并发现了伪平方数。他第一个用电子计算机对黎曼 f 函数的根进行了大规模计算，得到了临界线上前 1 万个零点，后又增加到 2.5 万个零点。著有《数论表指南》等。

64 格米

传说，古印度有一个人发明了一种游戏棋，棋盘共 64 格，玩起来十分新奇、有趣。他把这种棋献给了国王。国王玩得十分开心，便下令赏赐献棋人。

国王问献棋人想要什么。献棋人说："我只需要粮食，要求大王给点粮食便心满意足了。"问他需要多少粮食，献棋人说只要求在棋盘的第一个格子里放一粒米，在第二个格子里放两粒米，第三个格子里放四粒米……总之，后面格子里的米都比它前一格增大一倍，把64格都放满了就行。

国王一听，满口答应。大臣们也都认为：这点米算得了什么，便领献棋人去领米。岂料，到后来把所有仓库里的存米都付出了，还是不够。

你知道这是为什么吗？

解：米粒数根据制棋人的要求。可列式为：

$$1+2+2^2+2^3+2^4+2^5+\cdots+2^{64-1}$$
$$=18446744073709551615（粒）$$

如果造一个仓库来存放这些米，仓库应是多大呢？有人算过，若仓库高4米，宽10米，那么长应是地球到太阳距离的2倍。这样的长方体仓库在地球上是容不下的，当然这只是个假设。传说，当时计算米粒数宫廷里就整整算了三天！这是中学数学中"等比级数求和"问题。在当时只是凭手工硬乘出来的。国库中当然不可能有那么多的粮食。

难解的拉姆齐数

匈牙利是世界上举办中学数学竞赛最早的国家。从1894年起每年一次，仅仅由于两次世界大战和匈牙利事件被迫中断过7年。20世纪50年代初，匈牙利数学竞赛题中有一道"六人相识问题"：试证，在任何6个人中，总可以找到3个彼此认识的人或3个彼此不认识的人。

这是一个很有趣的问题，可简单证明如下：设甲是其中一人，其他5人按与甲相识与否分成两类，与甲相识者在第一类，其余分在第二类。则两类中必有一类至少有3人，设乙、丙、丁是其中3人。如果这3人彼此认识或彼此不认识，则结论已经成立。否则必有两人比如乙、丙彼此认识，又有两人比如乙、丁彼此不认识。如果乙、丙、丁在第一类（即均与甲相识），则甲、乙、丙三人彼此认识；如果乙、丙、丁在第二类（即与甲均不相识），则甲、乙、丁3人彼此不相识。故结论是成立的。

如果用平面上的6个点代表6个人，而两个人相识，则将代表他们的点用红色的线连结，否则用蓝色的线连结。于是，得到6个点的完全图 K_6（每两点间都有线连结的图称为完全图），但染上了两种不同颜色。

这样，六人相识问题，用图论语言来表述就是，在完全图 K_6 的每一边任意地染成红色或蓝色后，必有一个红色三角形（是一个完全图 K_3）或蓝色三角形（K_3）。

弗朗克·普鲁姆泼顿·拉姆齐（1903～1930）是英国数理逻辑学家。生于英国剑桥，他在哲学、数理逻辑、代数曲线论、经济学中的数学理论、概率论基础、认知心理学、语义学等方面都做过不少工作。1926 年成为剑桥大学的数学讲师。1928 年，拉姆齐在伦敦数学会上宣读了论文"论形式逻辑中的一个问题"，引出了举世闻名的拉姆齐理论。

下面是一种简单的拉姆齐数。

在平面内有 n 个顶点，每两个顶点间都连线而构成完全图 K_n，且对所有边任意染上红色或蓝色后，那么能否一定有 a 个顶点之间均为红色连线（即组成 a 个顶点的完全图，简称红色 K_a）或 b 个顶点之间均为蓝色连线（简称蓝色 K_b）？这里 a 与 b 是给定的正整数。拉姆齐证明了，一定出现红色 K_a 或蓝色 K_b 的最少顶点数 n 是存在的。我们把它记作 $R(a，b)$。前面对"六人相识问题"的讨论表明 $R(3，3)=6$，即必出现红色三角形或蓝色三角形的最少顶点数是 6。

由于 $R(a，b)=R(b，a)$，因此我们只讨论 $a \leq b$ 时的 $R(a，b)$。此外，有 $R(2，b)=b$，这是因为对 b 个顶点的完全图染上红、蓝两色后，如果有红边即为 K_2，否则皆是蓝边而有蓝色 K_b。确定拉姆齐数 $R(a，b)$ 是很困难的工作，自 1928 年拉姆齐提出拉姆齐理论以来，至今已 60 多年了，然而除了很明显的 $R(2，b)=b$ 以外已完全确定的拉姆齐数只有 8 个。上面说过的 $R(3，3)=6$ 以及 1955 年数学家格林伍德和格里森得到 $R(3，4)=9$，$R(3，5)=14$，$R(4，4)=18$。

1966 年获得 $R(3，6)=18$；

1968 年又有 $R(3，7)=23$；

1982 年得出 $R(3，9)=36$；

1990 年有 $R(3，8)=28$。

此外，还知道一些拉姆齐数的界限：

$40 \leq R(3，10) \leq 43$，$46 \leq R(3，11) \leq 51$，$51 \leq R(3，12) \leq 60$，$25 \leq R(4，5) \leq 27$，$34 \leq R(4，6) \leq 43$，$R(4，7) \geq 49$，$R(4，8) \geq 53$，$R(4，9) \geq 69$，$R(4，10) \geq 72$，$R(4，11) \geq 77$，$R(4，12) \geq 86$，$43 \leq R(5，5) \leq 53$，$58 \leq R(5，6) \leq 94$，$R(5，7) \geq 76$，$94 \leq R(5,8) \leq 245$，$R(5，9) \leq 370$，$102 \leq R(6，6) \leq 169$，$R(6，7) \leq$

328，$R(6, 8) \leqslant 553$，$R(6, 9) \leqslant 902$。

匈牙利数学家爱尔特希经常愿意讲一个有趣的故事，大意是，如果有一个妖怪对人类说，"告诉我 $R(5, 5)$ 是多少，否则我将毁灭人类"，那么最好的办法也许是集中全世界的计算机与计算机专家全力以赴地去求解。但如果妖怪要问 $R(6, 6)$，那么我们别无他法只有拼命干掉妖怪了。这个故事风趣地说明了求解 $R(5, 5)$ 与 $R(6, 6)$ 是很困难的，更不用说其他的拉姆齐数了。

爱尔特希

对 $R(a, a)$ 的估算，最早当推拉姆齐本人，他给出了一个较大的上界：$R(a, a) \leqslant a!$。

几年后，爱尔特希与塞克尔斯给出了一个改进的上界：$R(a, a) \leqslant (2a-2)! \, / \, [(a-1)!]^2$。

1947 年爱尔特希给出下界：

$R(a, a) > a \cdot 2^{\frac{a}{2}} / e$，这里 e 是自然对数的底。

目前最好的上界是 1988 年得到的：

$R(a, a) \leqslant C \cdot 4^{a-1} / (a-1)^{\frac{1}{2}}$，其中 C 是某个常数。

一个尚未解决的问题是，当 a 无限增大时，$[R(a, a)]^{\frac{1}{a}}$ 能否越来越逼近某个值（即是否有极限值）？如果是这样，其值是多大？

知识点

拉姆齐

拉姆齐，英国数学家和经济学家。17 岁时进入剑桥三一学院读数学本科，1923 年秋季，拉姆齐赢得了剑桥三一学院数学三级考试第二级第一名。他是维特根斯坦和罗素的在抽象思维方面无可匹敌的朋友，

他同时还是一位获得了凯恩斯和哈罗德极大尊重的经济学家，一位被认为是在哥德尔之前对数学基础和数理逻辑有着卓而不群思考的数学家，他为求解一道难题而发明了至今仍吸引着数学家们热情研究的"拉姆齐理论"。拉姆齐思考问题的方法是哲学的和数学的，虽然在他去世的前一年，他开始对神秘主义表现出强烈兴趣。

拉姆齐法则

拉姆齐在政府不能征收归总税的前提下给出了对不同需求弹性的商品如何征税才能做到效率损失最小的原则。循经济学中常用的边际分析方法，不难发现，要想使对不同商品课税所带来的总体效率损失最小，只有当从不同商品征得的最后一单位税收所引起的效率损失都相等的情况下才行。也就是说，只要从某种商品征得的最后一单位税收引起的效率损失大于其他的商品，那么就还有可能通过改变征税办法降低效率损失，只要适当降低该商品税率，提高其他商品税率，就能够实现效率损失最小化。因此，效率损失最小的原则可以表述为边际税收效率损失相等原则。在这一原则下，可以使用代数方式，也可以使用几何方式，得到拉姆齐法则的两种表述，一种称为逆弹性法则，另一种称为需求等比例递减法则。

梅森素数之谜

梅森数是 $2^n - 1$ 形式的数，即比 2 的幂小 1 的数。梅森素数是恰好也是素数的梅森数。很容易证明，在这种情况下指数 n 本身一定也是素数。前几个素数，即 $n = 2$，3，5 和 7 时，对应的梅森数 3，7，31 和 127 都是素数。

人们对于梅森素数的兴趣要追溯到很久以前，一开始人们以为只要 n 为素数，对应的梅森数都是素数。但是在 1536 年，雷吉乌斯证明了这个设想是错误的。他指出，$2^{11} - 1 = 2047 = 23 \times 89$，它不是素数。1603 年，皮

特罗·卡塔尔迪发现 $2^{17}-1$ 和 $2^{19}-1$ 是素数，这是正确的，并且声称当 $n=23$，29，31 和 37 时，2^n-1 也是素数。费马证明了当 $n=23$ 和 37 时，卡塔尔迪的结论是错误的，欧拉则证明了 $n=29$ 对应的梅森数并不是素数。但是后来欧拉证明了 $2^{31}-1$ 是素数。

1644 年，法国修道士马兰·梅森在《物理数学随感》一书中指出，当 n 为 2、3、5、7、13、17、19、31、67、127 和 257 时，2^n-1 是素数，在这个范围内没有其他值对应的梅森数是素数了。就当时能够利用的方法而言，这些数中的一大部分都无法测试，因此他的声明基本上是一种猜测，但人们已将他的名字与这一问题联系起来了。

1876 年，爱德华·卢卡斯发明了一种巧妙的办法，可以测试梅森数是否为素数，他证明了当 $n=127$ 时的梅森数是素数。到 1947 年时，人们已经对梅森提出的所有素数都进行了验证，得出的结论是他误将 67 和 257 包括进去了，同时他还漏掉了 61、89 和 107。卢卡斯改进了他的测试方法，在 20 世纪 30 年代，德里克·莱默又作出了进一步的改进。卢卡斯—莱默测试使用如下数列，4，14，194，37634……其中每个数是前一个数的平方减去 2。可以证明，当且仅当第 $S_{p-2} \equiv 0 \pmod{Mp}$ 个梅森数能除尽这个数列的第 $n-1$ 项时，该梅森数才是素数。这一测试可以证明某个梅森数是合数，而不需要求它的任何素因子；也可以证明该数是素数，而不需要对任何素因子进行测试。有一种技巧可以使这种测试所包括的所有数小于梅森数涉及的数。

马兰·梅森

寻找新的、更大的梅森素数需要充分利用新式的高速计算机。时至 2008 年 8 月 23 日，人们已经发现了 47 个梅森素数，并且确定 M20996011 位于梅森素数序列中的第 40 位。

为了激励人们寻找梅森素数，设在美国的电子新领域基金会（EFF）于 1999 年 3 月向全世界宣布了为通过 GIMPS 项目来寻找新的更大的梅森素数而设立的奖金。它规定向第一个找到超过 1000 万位数的个人或机构颁发 10 万美元。后面的奖金依次为：超过 1 亿位数，15 万美元；超过 10 亿位数，25

千奇百怪的 **数**

万美元。其实，绝大多数研究者参与该项目并不是为了金钱，而是出于乐趣、荣誉感和探索精神。

马兰·梅森

马兰·梅森（1588～1648），法国神学家、数学家、音乐理论家。梅森是一位神职人员，但他却是科学的热心拥护者和守望者，在教会中为了保卫科学事业做了很多有益的工作。梅森有很高的科学素养，其研究涉及声学、光学、力学、航海学和数学等多个学科，并有"声学之父"的美称；而他对科学所作的主要贡献，还是他起了一个极不平常的学术思想通道作用。1626年，梅森把自己在巴黎的修道室办成了科学家聚会场所和交流的信息中心，称为"梅森学院"。他与同时代的最伟大的数学家保持经常的通信联系，和业余数学之王费马是好朋友。梅森编辑过多位希腊数学家的著作，并对其中的的课题作出论述，尤其是以梅森素数闻名，并于1644年发表的《物理数学随感》中讨论它。其著作《宇宙和谐》一书，是记录当代乐器的一份珍贵的史料。

十二平均律

1636年，马兰·梅森在西方最早提出十二平均律。十二平均律就是将一个八度均分成12个均等的音程，每一个音程规定为半音，两个半音为一个全音。十二平均律最大的优点是不管怎样移调或转调，都能够获得均等的音乐效果。但这是相对的，因为十二平均律是将一个八度均分成12等分，所以每一个半音之间的振动比数都是一个除不尽的无限小数，所以无论演奏哪一个和弦都不可能得到真正完全和谐的音乐效果，只不过十二平均律影响的幅度相当小，比较之下仍是非常好的一个音程系统。MIDI系统再怎么进步都无法取代真人演奏效果的原因是因为真人演奏时演奏家会凭自己的耳朵判断音程和谐的程度，通常比较接近纯律，但在电脑中无法做到，根本原因是音程定义系统上有着根本的差异，不过差异不太大。

芝诺悖论

在古希腊有两个著名的芝诺。一个是季蒂昂的芝诺（约前 336～前 264），他也是一位哲学家，斯多葛学派的创始人。这里要说的是埃利亚的芝诺。

芝诺是巴门尼德的学生，埃利亚学派的主要代表成员之一，古希腊著名的唯心主义哲学家。他认为世界上运动变化着的万物是不真实的，唯一真实的东西只能是所谓的"唯一不动的存在"。芝诺代表了南意大利埃利亚学派的观点，这个学派主张存在是"一"，而"杂多"的"现象世界"是不真实的；世界本质上是静止的，运动只是假象。这个主张触及到了科学概念中的一些根本性问题。

据文献记载，芝诺提出过 45 个违背常识和属于诡辩性质的悖论，但流传至今的仅有 9 个。其中最著名的 4 个，统称为"4 个悖论"。据说，他是替老师巴门尼德辩解，才提出这些悖论的。

阿基利斯追不上乌龟，是芝诺最著名的悖论之一。

阿基利斯是古希腊神话中善跑的英雄。在他和乌龟的竞赛中，他速度为乌龟的十倍，乌龟在前面 100 米跑，他在后面追，但他不可能追上乌龟。因为在竞赛中，追者首先必须到达被追者的出发点，当阿基利斯追到 100 米时，乌龟已经又向前爬了 10 米，于是，一个新的起点产生了；阿基利斯必须继续追，而当他追到乌龟爬的这 10 米时，乌龟又已经向前爬了 1 米，阿基利斯只能再追向那个 1 米。

就这样，乌龟会制造出无穷个起点，它总能在起点与自己之间制造出一个距离，不管这个距离有多小，但只要乌龟不停地奋力向前爬，阿基利斯就永远也追不上乌龟。

在这里，芝诺只注意到运动的间断性（把阿基利斯的运动割断为一个一个的阶段），而忽略了运动的连续性（不让阿基利斯连续跑下去）。芝诺的错误在于混淆了形式逻辑矛盾和真实矛盾。

在中国，也有一个"自相矛盾"的故事：楚国有个卖矛又卖盾的人拿起他的矛说："我的矛无坚不摧。"接着又拿起他的盾说："我的盾无锐不挡。"当别人问他，"用你的矛刺你的盾有什么结果"的时候，他无言以对。

这是我们熟知的故事。这个楚国人之所以"自摆乌龙",是由于他思想上的混乱造成的,是不符合事实的,是思维中不应有的错误。这种矛盾就称为逻辑矛盾。

真实矛盾和逻辑矛盾完全不同,它不是由思想上的混乱造成的,而是在考察事物的实际情况时发生的。

芝诺正确的逻辑推理引出悖论的现象使人们关注了两千多年。直到 1895 年,英国数学家道奇森(笔名刘易斯·卡罗尔)还让阿基利斯和乌龟重现在用他的姓氏命名的悖论之中,他的题目是《乌龟说给阿基利斯的话》。这个作品发表在这一年第 4 期《心智》杂志的第 278～280 页上,第一句是:阿基利斯追上乌龟之后,舒舒服服地坐在龟背上。

芝诺还说,飞动着的箭在任何一个确定的时刻都只能占据空间的一个特定的点,在这一瞬间它就静止在这一点上。这样,许多静止的点的总和仍然是静止的,因此,飞行的箭是不动的。这就是著名的"飞矢不动悖论"。

刘易斯·卡罗尔

芝诺还由此得出结论说,因为运动是位置的变化,而在任何一个时刻飞矢的位置并不变化,所以运动是不存在的。同理可以推知,任何一个物体都不可能运动——世界上只有静止,没有运动。当然,我们知道,芝诺在这里又出了错。

"飞矢不动"的结论如此荒谬,以至它和"阿基利斯追龟"被长期作为诡辩的例子。但是,要从芝诺"严密"的论证中找出它的错误,却并非易事。那么,芝诺在这里的错误在哪里呢?

运动本身就是一个矛盾:既在这一点上又不在这一点上,无数相对静止的点构成了绝对运动的过程。这就是运动和静止的辩证法。芝诺不懂得这个辩证法,不懂得运动是间断性和连续性的统一,而把飞矢的运动看成是无数静止的点的机械总和,因而得出了否定运动存在的错误结论。

芝诺本身并不是数学家而是哲学家,然而他的论点却使当时的数学家们感到困惑和震动,并促使他们在几何中尽力避免关于"无穷小"、"无穷大"的概念，从而在希腊几何学严谨化的过程中起过一定的作用。不但如此，他对后来微积分和其他学术思想的形成和发展，都产生过深刻的影响。由于这一因素，不少文献中也把芝诺称为数学家。

芝诺为什么会提出那些匪夷所思的悖论呢，至今依然是一团雾水。对此，美国数学史家塞路蒙·波克纳教授，在《数学在科学起源中的作用》中写道："芝诺令人费解的言行对一些哲学家来说永远是个谜"。

千奇百怪的数

道奇森

查尔斯·勒特威奇·道奇森（1832～1898），英国数学家和儿童文学家，笔名刘易斯·卡罗尔。《爱丽丝漫游奇境记》（1865年）及其续本《镜中世界》（1872年）风行世界。他是英国柴郡人，出身教士家庭。18岁进入牛津大学基督堂学院学习，曾当过兼职牧师。完成学业后，作为一名数学家和逻辑学家，他毕生在牛津大学基督堂学院从事数学教学及研究工作，教过牛津大学的几代大学生。他发表过好几本数学著作，最重要的是《欧几里德和他的现代对手》。因患有严重口吃，不善与人交往，他的不多几位朋友都是学院里的同事。他虽终身未婚，但他兴趣广泛，对小说、诗歌、逻辑都颇有造诣，还是一位优秀的摄影师，特别擅长于为孩子们拍照。应该特别指出的是，他虽然少与成年人交往，却永远是孩子们的朋友。他除了给孩子写童话，还给孩子们写过数千封信，而且还亲自为这些想像丰富的信件绘制了无数的插图。

《镜中世界》

《镜中世界》的基本构思与《爱丽丝漫游奇境记》大体相同，讲述的还是小姑娘爱丽丝在一场梦中的种种神奇虚幻的经历。所不同的是，作者根据镜中影像与真实形象相反的基本原理，将爱丽丝的这一场梦发生的场地设计在镜子之中。镜中的一切景象都是颠倒的，造成了十分荒诞而又滑稽可笑的效果。而且，作者除了把表面的镜中物像颠倒之外，还夸张地从深层上将生活常理颠倒，诸如时光倒流，逻辑错乱，不会说话的花草动物开口说话，在想像中的怪物眼中，人成了想像中的怪物等等。爱丽丝梦中遇到的人物也都性格乖张，不同常人。如红方王后反复无常，有时强词夺理，有时又和蔼可亲；英语文化中大名鼎鼎的"一对鼓槌"特伟哥和特伟弟心胸狭窄，胆小怕事，却又喜欢自吹自擂，夸张炫耀；憨墩胖墩形象滑稽可笑，头脑简单愚蠢，却虚荣傲慢，刚愎自用。此外，白方王后和白方骑士等人物也都各有怪癖，读来令人喷饭。

世界难题求解之旅

数学在发展的过程中，留下了许多具有世界影响的难题，引起许多数学家或数学爱好者踏上漫漫的求解之旅，在求解的过程中，流下了血汗，获得了乐趣，锻炼了思维，推动了数学的发展，扩大了数学的应用范围。这其中有些问题已经得到解决，比如 20 世纪初法国数学家庞加莱提出的"庞加莱猜想"已于 2010 年被俄国数学怪才佩雷尔曼破解；有些问题离最终破解仅有一步之遥，比如 18 世纪德国数学家哥德巴赫提出的"哥德巴赫猜想"，在我国数学家陈景润的攻关下已接近这颗数学王冠的顶点；有些问题离最后的证明还遥遥无期，比如 2000 年初美国克雷数学研究所的科学顾问委员会选定了七个"千年大奖问题"——NP 完全问题、霍奇猜想、庞加莱猜想（已破解）、黎曼假设、杨—米尔斯理论、纳卫尔—斯托可方程、BSD 猜想。

黎曼假设

黎曼，1826 年生于德国的汉诺威的一个小村庄里，1866 年因肺结核而早逝，年仅 40 岁。但是在这短暂的生命中，他却才华横溢，为现代数学奠定了基础。他在 1851 年引进了黎曼曲面，创立了函数论的几何理论。1853 年建立了黎曼几何，成为爱因斯坦广义相对论的数学基础。同时，他在物理研究中，还对三角级数—偏微分方程作出了重要的贡献。

黎曼在数论方面只发表过一篇论文，但由于他考虑问题的深邃，使他名垂史册。这就是他提出了一个能与哥德巴赫猜想相提并论的黎曼假设。

黎曼引进一个黎曼 ζ 函数，这个函数表示为：

$$\zeta(s) = \frac{1}{1^s} + \frac{1}{2^s} + \frac{1}{3^s} + \cdots + \frac{1}{n^s} + \cdots$$

其中自变量 s 是取复数值，也就是可以表示为 $s = \sigma + it$，显然 σ 表示实部，it 表示虚部。

对于这样一个黎曼 ζ 函数，已经证明当自变量 s 的实部 $\sigma > 1$ 时，函数是收敛的。举例来说。当 $s = \sigma = 2$ 时，有：

$$\zeta(2) = \frac{1}{1^2} + \frac{1}{2^2} + \frac{1}{3^2} + \cdots + \frac{1}{n^2} + \cdots = \frac{\pi^2}{6}$$

再如，当 $s = \sigma = 4$ 时，有：$\zeta(4) = \frac{1}{1^4} + \frac{1}{2^4} + \frac{1}{3^4} + \cdots + \frac{1}{n^4} + \cdots = \frac{\pi^4}{90}$

现在把问题反过来，当 $\zeta(s) = 0$ 时。它的根 s 会有什么现象，这就是黎曼假设所要阐述的内容。

黎 曼

黎曼假设指出：

对于

$$\zeta(s) = \frac{1}{1^s} + \frac{1}{2^s} + \frac{1}{3^s} + \cdots + \frac{1}{n^s} + \cdots = 0$$ 这样一个方程、它的解 $s = \sigma + it$ 的实部 σ 必定全在 $\sigma = \frac{1}{2}$ 的直线上。

由于黎曼在这个猜想中预见了黎曼 ζ 函数的零点。而这又与很多数论问题密切相关，对于素数的分布有很重要的意义。所以证明黎曼假设就成为数学上必须攻克的堡垒。

英国著名数学家哈代毕生孜孜以求致力于黎曼假设的证明。1974 年美国数学家利维森在逝世之前证明了 $\zeta(s)$ 在关键线 $\sigma = \frac{1}{2}$ 上的零点约占全部零点的 $\frac{1}{3}$ 以上。

后来，美国几位数学家通过计算机检验。发现有 300 多万个零点确实是在 $\sigma = \frac{1}{2}$ 线上。

目前，记录还在刷新，已知有 3 亿多个零点是在 $\sigma = \frac{1}{2}$ 线上。这就证明

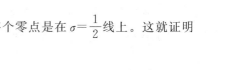

了黎曼的高度预见。但是尽管这些证明在不断趋近，黎曼假设的成果在不断推广，然而还是没有得到最后证明。

哈　代

　　哈代（1877～1947），英国数学家。1896 年进入剑桥大学三一学院。1910 年当选为英国皇家学会会员。1900～1911 年，哈代主要研究无穷级数收敛和积分论等方面的课题。1911 年，他建立起与数学家李特尔伍德长达 35 年的密切合作关系。他们长期靠通信讨论数学问题，研究丢番图分析、堆垒数论、积性数论、黎曼 ζ 函数、不等式、三角级数等内容。他们共同完成了关于华林定理的新证明，推进了这个问题的进展。哈代和李特尔伍德共同建立了 20 世纪上半叶具有世界水准的英国剑桥分析学派。

　　他培养了许多优秀的数学人才，中国数学家华罗庚就是他的学生。哈代在 20 世纪初用定量的方法研究生物学，建立了群体遗传平衡的代数方程，奠定了群体遗传学的基础。德国医生魏因贝格也独立地得到同一结果，现代生物数学中称这一定律为哈代—魏因贝格定律。

黎曼的数学地位

　　黎曼的一生是短暂的，不到 40 个年头。他没有时间获得像欧拉那么多的数学成果。但他的工作的优异质量和深刻的洞察能力令世人惊叹。尽管牛顿和莱布尼茨发现了微积分，并且给出了定积分的论述，但目前教科书中有关定积分的现代化定义是由黎曼给出的。为纪念他，人们把积分和称为黎曼和，把定积分称为黎曼积分。

　　德国数学家希尔伯特曾指出："19 世纪最有启发性、最重要的数学成就是非欧几何的发现。"1854 年黎曼提出了一种新的几何学，他把欧几里得三维空间推广到 N 维空间，从而得到黎曼非欧几何学。受到数学王子高斯的高度称赞。

他的工作远远超过前人，他的著作对 19 世纪下半叶和 20 世纪的数学发展都产生了重大的影响。爱因斯坦在创建广义相对论的过程中，因他缺乏必要的数学工具，长期未能取得根本性的突破，当他掌握了黎曼几何和张量分析之后，终于打开了广义相对论的大门。爱因斯坦说："唯有黎曼这个孤独而不被世人了解的天才，在上个世纪中叶便发现了空间的新概念——空间不再一成不变，空间参与物理事件的可能性才开始显现。"

对于他的贡献，人们是这样评价的："黎曼把数学向前推进了几代人的时间。"

庞加莱猜想

庞加莱猜想是法国数学家庞加莱提出的一个猜想，是克雷数学研究所悬赏的世界七大数学难题之一。

1904 年，庞加莱在一篇论文中提出了一个看似很简单的拓扑学的猜想：在一个三维空间中，假如每一条封闭的曲线都能收缩到一点，那么这个空间一定是一个三维的圆球。但 1905 年发现提法中有错误，并对之进行了修改，被推广为："任何与 n 维球面同伦的 n 维封闭流形必定同胚于 n 维球面。"后来，这个猜想被推广至三维以上空间，被称为"高维庞加莱猜想"。

如果你认为这个说法太抽象的话，我们不妨做这样一个想像：

我们想像这样一个房子，这个空间是一个球。或者，想像一只巨大的足球，里面充满了气，我们钻到里面看，这就是一个球形的房子。

我们不妨假设这个球形的房子墙壁是用钢做的，非常结实，没有窗户没有门，我们现在在这样的球形房子

庞加莱

143

里。拿一个气球来，带到这个球形的房子里。随便什么气球都可以（其实对这个气球是有要求的）。这个气球并不是瘪的，而是已经吹成某一个形状，什么形状都可以（对形状也有一定要求）。但是这个气球，我们还可以继续吹大它，而且假设气球的皮特别结实，肯定不会被吹破。还要假设，这个气球的皮是无限薄的。

好，现在我们继续吹大这个气球，一直吹。吹到最后会怎么样呢？根据庞加莱猜想，吹到最后，一定是气球表面和整个球形房子的墙壁表面紧紧地贴住，中间没有缝隙。

我们还可以换一种方法想想：如果我们伸缩围绕一个苹果表面的橡皮带，那么我们可以既不扯断它，也不让它离开表面，使它慢慢移动收缩为一个点。

另一方面，如果我们想像同样的橡皮带以适当的方向被伸缩在一个轮胎面上，那么不扯断橡皮带或者轮胎面，是没有办法把它收缩到一点的。

为什么？因为，苹果表面是"单连通的"，而轮胎面不是。

看起来这是不是很容易想清楚？但数学可不是"随便想想"就能证明一个猜想的，这需要严密的数学推理和逻辑推理。一个多世纪以来，无数的科学家为了证明它，绞尽脑汁甚至倾其一生还是无果而终。

2000 年 5 月 24 日，美国克雷数学研究所的科学顾问委员会把庞加莱猜想列为七个"千禧难题"（又称世界七大数学难题）之一，这七道问题被研究所认为是"重要的经典问题，经许多年仍未解决"。

提出这个猜想后，庞加莱一度认为自己已经证明了它。但没过多久，证明中的错误就被暴露了出来。于是，拓扑学家们开始了证明它的努力。

20 世纪 30 年代以前，庞加莱猜想的研究只有零星几项。但突然，英国数学家怀特海对这个问题产生了浓厚兴趣。他一度声称自己完成了证明，但不久就撤回了论文，失之桑榆，收之东隅，因为在这个过程中，他发现了三维流形的一些有趣的特例，而这些特例，现在被统称为怀特海流形。

20 世纪 30～60 年代，又有一些著名的数学家宣称自己解决了庞加莱猜想，著名的宾、哈肯、莫伊泽和帕帕奇拉克普罗斯均在其中。

帕帕奇拉克普罗斯是 1964 年的维布伦奖得主，一名希腊数学家。因为他的名字超长超难念，大家都称呼他"帕帕"。在 1948 年以前，帕帕一直与数学圈保持一定的距离，直到被美国普林斯顿大学邀请做客。帕帕以证

明了著名的"迪恩引理"而闻名于世。

然而，这位聪明的希腊拓扑学家，却最终倒在了庞加莱猜想的证明上。在普林斯顿大学流传着一个故事：直到 1976 年去世前，帕帕仍在试图证明庞加莱猜想，临终之时，他把一叠厚厚的手稿交给了一位数学家朋友，然而，只是翻了几页，那位数学家就发现了错误，但为了让帕帕安静地离去，最后选择了隐忍不言。

一次又一次尝试的失败，使得庞加莱猜想成为出了名难证的数学问题之一。然而，因为它是几何拓扑研究的基础，数学家们又不能将其撂在一旁。这时，事情出现了转机。

1966 年菲尔茨奖得主斯梅尔，在 20 世纪 60 年代初想到了一个天才的主意：如果三维的庞加莱猜想难以解决，高维的会不会容易些呢？

1961 年的夏天，在基辅的非线性振动会议上，斯梅尔公布了自己对庞加莱猜想的五维空间和五维以上的证明，立时引起轰动。

1983 年，美国数学家福里德曼将证明又向前推动了一步。在唐纳森工作的基础上，他证出了四维空间中的庞加莱猜想，并因此获得菲尔茨奖。但是，再向前推进的工作，又停滞了。

甲拓扑学的方法研究三维庞加莱猜想没有进展，有人开始想到了其他的工具。瑟斯顿就是其中之一。他引入了几何结构的方法对三维流形进行切割，并因此获得了 1983 年的菲尔茨奖。

然而，庞加莱猜想，依然没有得到证明。人们在期待一个新的工具的出现。可是，解决庞加莱猜想的工具在哪里呢？

1972 年，丘成桐和李伟光合作，发展出了一套用非线性微分方程的方法研究几何结构的理论。丘成桐用这种方法证明了卡拉比猜想，并因此获得菲尔茨奖。

丘成桐

里奇流是以意大利数学家里奇命名的一个方程。用它可以完成一系列的拓扑手术，构造几何结构，把不规则的流形变成规则的流形，从而解决三维的庞加莱猜想。1979 年，汉密尔顿开始做里奇流，并于 1980 年做出了第一个重要的结果。不久，他告诉自己的朋友，中国数学家丘成桐说，可以用这个结果来证明庞加莱猜想，以及三维空间的大问题。

看到这个方程的重要性后，丘成桐立即让跟随自己的几个学生跟着汉密尔顿研究里奇流。

他们使用里奇流进行空间变换，到后来，总会出现无法控制走向的点。这些点，叫做奇点。如何掌握它们的动向，是证明三维庞加莱猜想的关键。在借鉴了丘成桐和李伟光在非线性微分方程上的工作后，1993 年，汉密尔顿发表了一篇关于理解奇点的重要论文。就在此时，丘成桐隐隐感觉到，解决庞加莱猜想的那一刻，就要到来了。

与其同时，地球的另一端，一个叫格里戈里·佩雷尔曼的数学家在花了 8 年时间研究这个足有一个世纪的古老数学难题后，决定将成果公布于众。

佩雷尔曼，俄罗斯数学家，曾于 1992 年访问美国。期间，他在读了哈密尔顿关于里奇流的文章后说："你不用是大数学家也可以看出这对证明庞加莱猜想有用"。

回到俄罗斯后，佩雷尔曼继续研究庞加莱猜想。1995 年，汉密尔顿发表了一篇文章，其中描述了他对于完成庞加莱猜想的证明的一些想法。佩雷尔曼对我们说，从这篇文章中"我看不出他在 1992 年之后有任何进展，可能更早些时候他就被卡在哪儿了"。然而佩雷尔曼却认为自己看到了解决问题的道路。1996 年，他给汉密尔顿写了一封长信，描述了他的想法，寄希望于汉密尔顿会同他合作。但是，佩雷尔曼说，"他没有回答，所以我决定自己干"。

2002 年 11 月 11 日，佩雷尔曼在一家专门刊登数学和物理论文的网站上张贴了他的第一篇文章，之后他通过电子邮件把文章摘要发送给在美国的一些数学家，包括哈密尔顿、田刚和丘成桐。

之前他没有同任何人讨论过这篇文章，因为"我不想同我不信任的人讨论我的工作"。对于随意地在网上发表如此重要的问题的解答可能带来的风险，例如证明或有纰漏而使他蒙羞，甚至被他人纠正而失去成果的优先权，佩雷尔曼表示："如果我错了而有人利用我的工作给出正确的证明，我会很高兴。我从来没有想成为庞加莱猜想的唯一破解者"。

2003 年的 7 月，佩雷尔曼在网上公布了他的后两篇文章。数学家们开始对他的证明艰苦地进行检验和说明。在美国至少有两组专家承担了这一任务。到 2005 年 10 月，数位专家宣布验证了该证明，一致的赞成意见达成。

庞加莱猜想的证明意义重大，该猜想的证明，是人类在三维空间研究角度解决的第一个难题，也是一个属于代数拓扑学中带有基本意义的命题，将有助于人类更好地研究三维空间，其带来的结果将会加深人们对流形性质的认识，对物理学和工程学都将产生深远的影响，甚至会对人们用数学语言描述宇宙空间产生影响。

庞加莱

庞加莱（1854～1912），法国数学家、天体力学家、数学物理学家、科学哲学家。他的研究涉及数论、代数学、几何学、拓扑学等许多领域，最重要的工作是在分析学方面。他早期的主要工作是创立自守函数理论（1878 年）。他引进了富克斯群和克莱因群，构造了更一般的基本域。他利用后来以他的名字命名的级数构造了自守函数，并发现这种函数作为代数函数的单值化函数的效用。庞加莱提出了一般的单值化定理。后来，他和克贝相互独立地给出了完全的证明。他创立了微分方程的定性理论。他研究了微分方程的解在四种类型的奇点（焦点、鞍点、结点、中心）附近的性态。他提出根据解对极限环的关系，可以判定解的稳定性。他被公认是 19 世纪后四分之一和 20 世纪初的领袖数学家。

数学怪才破解世纪难题

2010 年，克雷数学研究所 3 月对外公布，悬赏 10 年、奖金 100 万美元的千禧年数学大奖终于有了第一位获奖人。44 岁的俄罗斯天才数学家格里高利·佩雷尔曼因为破解庞加莱猜想而荣获此项殊荣。虽然庞加莱猜想有了答案，但千禧年数学大奖却找不到这位神秘的获奖人。早在 2006 年，国际数学家大会决定将 40 岁以下数学家的"诺贝尔奖"——菲尔茨奖授予佩雷尔曼，而他拒绝出席领奖。

2002 年和 2003 年，俄罗斯司捷克洛夫数学研究所的数学家佩雷尔曼在网络上发表了三篇论文，成功破解了"庞加莱猜想"。据悉，克雷数学研究所原本要求获奖者必须在权威数学期刊上发表论文，但性格怪异的佩雷尔曼只在网络发表论文，始终不向权威期刊投稿。克雷数学研究所在 7 年之后，最终将破解"庞加莱猜想"的"千禧年数学大奖"颁给了佩雷尔曼。克雷数学研究所所长詹姆士·卡尔逊说："佩雷尔曼博士攻克了庞加莱猜想，将一个延续了一个世纪的难题画上了句号。它是数学研究史上一项主要的突破，并将被永久铭记。"

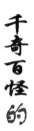

哥德巴赫猜想

哥德巴赫猜想这一著名数学问题由于我国著名数学家华罗庚、王元、潘承洞，特别是陈景润的工作，在我国已是家喻户晓的了。它也是数学中早已提出，经数百年研究尚未获得解决的著名数学难题。

哥德巴赫猜想表述极其简单，任何一个具有初中数学修养的人都能理解这一猜想的含义，而它的求解又极其困难，以致于至今尚未解决。这一奇妙的特点吸引了千千万万人的注意，历史上许多人都进行过试证这一猜想的工作，至今仍使许多人感兴趣，对它的研究有力地推动了数学的发展，虽然还没有最后解决原来的问题。

1742 年 6 月 7 日，一位生于德国，后来在俄国工作和定居的数学家哥德巴赫（1690～1764）在莫斯科写信给当时在柏林科学院工作的著名瑞士数学家欧拉，信中作出这样一个猜想："每个数都能表示为两个素数之和，如果把 1 当做素数，则每个数还可表示为许多素数之和以致于表示为该数那么多的 1 之和；例如

$$4 = \begin{cases} 1+3 \\ 1+1+2 \\ 1+1+1+1 \end{cases} \qquad 5 = \begin{cases} 2+3 \\ 1+1+3 \\ 1+1+1+2 \\ 1+1+1+1+1 \end{cases}$$

$$6= \begin{cases} 1+5 \\ 1+2+3 \\ 1+1+1+3 \\ 1+1+1+1+2 \\ 1+1+1+1+1+1 \end{cases}$$

1742 年 6 月 30 日，欧拉（1707～1783）在给哥德巴赫的回信中把向题归结为"每个偶数表示成两个素数之和"的问题，并且指出"虽然我还不能证明它，但我认为它是一个不可怀疑的定理"。

一般认为，上述信件是哥德巴赫猜想的来源，但它们直到 1843 年才公开出版，在这之前是鲜为人知的。

哥德巴赫猜想的广泛传播得益于英国数学家华林（1736～1798），他于 1770 年在自己的一部著述中重新表述了这个猜想并作了新的加工："每一个偶数可表示为两个素数之和，每一个奇数么是素数要么可以表示为三个素数之和"。

华林还把这一猜想叫做哥德巴赫猜想，虽然关于奇数的猜想实际上是华林提出的。华林的这一工作使哥德巴赫猜想得以广泛传播并引起许多人的兴趣。后来，人们在法国数学家笛卡儿未发表的遗稿中找到这样一个命题："每一个偶数都可表示成 1、2 或 3 个素数之和"。可见最先提出这一猜想的倒是笛卡儿了，据分析这份稿子是笛卡儿于 1638～1640 年间写的。但由于笛卡儿的遗稿迟至 20 世纪才得以出版，人们仍然认为哥德巴赫猜想的名称是合适的，应予沿用下去。

经过人们的多方探讨，后来形成了这样两个命题：

（1）每个不小于 6 的偶数都可表示为两个奇素数之和。

（2）每个不小于 9 的奇数都可表示为三个奇素数之和。

这就是现在一般所说的哥德巴赫猜想，也叫哥德巴赫问题。命题（1）叫偶数猜想，命题（2）叫奇数猜想。它们并不等价。

由命题（1）可以推出命题（2）。因为，任一奇数 $n=(n-3)+3$，如果 $n \geq 9$，则 $n-3 \geq 6$ 且 $n-3$ 为偶数。如命题（1）成立，显然有奇素数 p_1、p_2，使 $n-3=p_1+p_2$，则 $n=p_1+p_2+3$，为三个奇素数之和。但由命题（2）推不出命题（1）来。即命题（2）只是命题（1）的一个特例。

从 1742 年起，许多人做了一些具体的验证工作，验证结果都符合这两个命题，到 20 世纪 60 年代，人们验证了 3.3×10^7 以内的偶数，对它们命题（1）都成立。但这并不是证明。关于它的证明，直至 20 世纪初还是一片空白。1900 年，**德国数学家希尔伯特在国际数学家第二次大会上提出了**著名的 23 个问题，哥德巴赫猜想被列为第 8 问题的一部分。

鉴于哥德巴赫猜想证明的困难，人们设法转变问题的提法。

1912 年，德国数学家兰道提出了一个"弱形式"的哥德巴赫猜想：
(3) 存在一个正整数 k，使每一个不小于 2 的自然数都可表示为不超过 k 个素数之和，即对任意自然数 n（$\geqslant 2$），存在 k，便得

$n = p_1 + p_2 + \cdots + p_k$ 成立，其中 p_1（$i = 1, \cdots, k$）为素数。如果不限制 k，则命题（3）显然成立。限制 k 则得到与哥德巴赫猜想接近的命题，如果对偶数（$n \geqslant 6$），证明存在 $k = 2$，对奇数 n（$\geqslant 9$），证明存在 $k = 3$，就完成了哥德巴赫猜想的证明。

稍后，有人又提出因数哥德巴赫问题：先将偶数 n 写成两个自然数之和：

$n = n_1 + n_2$ 而 n_1 与 n_2 的素因数个数分别为 a 和 b，考察 a 和 b。把问题转化为所谓"殆素数问题"（殆素数指素因数的个数不超过某一常数的自然数），显然，所有的素数都是殆素数，由此命题（1）也就弱化为以下两个命题：

(4) 每一个充分大的偶数都是一个素因数个数不超过 a 和一个素因数个数不超过 b 的两个殆素数之和，记为（a，b）。

(5) 每一个充分大的偶数都可以表示为一个素数和一个素因数不超过 c 的殆素数之和，记为（1，c）。

这里"充分大的偶数"指的是大于某一个很大的数（例如 $e^{16.038}$）的偶数。当命题（4）中证明了 $a = b = 1$，即（1，1）；命题（5）中证明了 $c = 1$，即（1，1）时，命题（1）就基本证明了。剩下的问题是逐个验证由 3.3×10^7 到 $e^{16.038}$ 之间的偶数，这至少在理论上是可能的。

人们对哥德巴赫猜想的研究基本上按"弱形式"和"因数型"两个方向进行，对不同的弱化形式采用了不同的方法，也获得了不同的结果。

前苏联数学家施尼雷尔曼于 1930 年创建"密率法"，用此法并结合筛法证明了一个近于命题（3）的命题：每一个充分大的自然数都可以表示为不超过 k 个素数之和，k 为一常数。由此开创了弱形式哥德巴赫问题的研究，这一研究所指向的目标是努力缩小 k 的上界，如果证明到 $k = 2$ 或 $k = 3$，哥德巴赫的猜想就得证了。1930 年，与施尼雷尔曼证明上述命题的同时，有人估计出 $k \leqslant 800000$，后人不断缩小这个上界。

如果去掉"充分大"的条件，按命题（3），则 1977 年旺格汉证明了，

所有（≥2）的正整数均可表示为不超过 26 个素数之和。1983 年，我国张明尧改进为：所有（≥2）的整数均可表示为不超过 24 个素数之和。

英国数学家哈代等人于 1922 年首创"圆法"，以复分析方法研究哥德巴赫猜想，并且利用黎曼假设，即在承认黎曼假设成立的前提下，证明了哥德巴赫猜想的命题（2）。但黎曼假设也是一个至今尚未解决的世界难题。所以尚不能算正式的证明。

1937 年，前苏联数学家维诺格拉多夫创立"三角和方法"，首次证明了：每一充分大的奇数都可表示为三个奇素数之和。后来有人确定，"充分大"是指不小于 $e^{16.038}$（这是一个 4008660 位的数）。这个数太大了，无法一一验证小于它的奇数是否都满足命题（2），但至少理论上验证是可能的，因此，人们倾向于认为命题（2）已得到证明。此后所说的"哥德巴赫猜想"只指命题（1）了。

维诺格拉多夫证明的命题（世称哥德巴赫——维诺格拉多夫定理）相当于在弱形式哥德巴赫问题中对大偶数来说，证明了 $k \leq 4$，对大奇数来说，证明了 $k \leq 3$。

1938 年，我国数学家华罗庚证明了：几乎所有的偶数都能表示成两个奇素数之和。这也是弱形式哥德巴赫问题研究中的一个重要成果。

因数哥德巴赫问题的研究就是证明命题（4）和（5）以及缩小 a、b、c、的工作。

1920 年，挪威数学家布伦创造一种新的筛法，并用它证明了这样一个命题：每一个充分大的偶数都可以表示为两个各不超过 9 个素因数的殆素数的和，记为（9，9）。由此为开端，因数哥德巴赫问题研究不断获得新的成果，其中，意义特别重大的是雷尼 1948 年证明的（1，c）和陈景润 1973 年证明的（1，2）。前者开创了命题 5 的证明，控制一个加数为素数，只要降低另一个加数的素因数个数的比较方便的方式；后者是目前在哥德巴赫猜想证明上的最好成绩。历史上的成果如下：

1920 年，挪威的布朗证明了"9+9"。

1924 年，德国的拉特马赫证明了"7+7"。

1932 年，英国的埃斯特曼证明了"6+6"。

1937 年，意大利的蕾西先后证明了"5+7"，"4+9"，"3+15"和"2+366"。

1938 年，苏联的布赫夕太勃证明了"5+5"。

1940 年，苏联的布赫夕太勃证明了"4+4"。

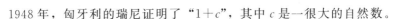

1948 年，匈牙利的瑞尼证明了"1＋c"，其中 c 是一很大的自然数。

1956 年，中国的王元证明了"3＋4"。

1957 年，中国的王元先后证明了"3＋3"和"2＋3"。

1962 年，中国的潘承洞和苏联的巴尔巴恩证明了"1＋5"，中国的王元证明了"1＋4"。

1965 年，苏联的布赫夕太勃和小维诺格拉多夫，及意大利的朋比利证明了"1＋3"。

1966 年，中国的陈景润证明了"1＋2"。

哥德巴赫猜想确实是一个难解的数学之谜，自"陈氏定理"诞生至今的近 40 年里，人们对哥德巴赫猜想的进一步研究，均劳而无功。

陈景润

陈景润（1933～1996），福建福州人，1953 年厦门大学数学系毕业，1953～1954 年在北京四中任教，因口齿不清，被拒绝上讲台授课，只可批改作业。后被"停职回乡养病"，调回厦门大学任资料员，同时研究数论，对组合数学与现代经济管理、科学实验、尖端技术、人类生活的密切关系等问题也做了研究。1956 年调入中国科学院数学研究所。1980 年当选中科院物理学数学部委员（现在的院士）。他研究哥德巴赫猜想和其他数论问题的成就，至今仍然在世界上遥遥领先，被称为哥德巴赫猜想第一人。世界级的数学大师安德烈·韦伊曾这样称赞他："陈景润先生做的每一项工作，都好像是在喜马拉雅山山巅上行走。危险，但是一旦成功，必定影响世人。"

哥德巴赫猜想的价值

哥德巴赫猜想为什么会吸引人？世界上绝对没有客观方面能打动人的

事物和因素。一件事之所以会吸引人，那是因为它具有某种特质能震动观察者的感受力，感受力的大小即观察者的素质。感人的东西往往是开放的。给人以无限遐思和暗示。哥德巴赫猜想以一种表面开朗简洁的形式掩盖它阴险的本质。他周围笼罩着一种强烈的朦胧气氛。他以喜剧的方式挑逗人们开场，却无一例外以悲剧的形式谢幕。他温文尔雅地拒绝一切向她求爱的人们，让追求者争风吃醋，大打出手，自己却在一旁看着一场又一场拙劣的表演。哥氏猜想以一种抽象的美让人们想入非非，他营造一种仙境，挑起人们的欲望和野心，让那些以为有点才能的人在劳苦、烦恼、愤怒中死亡。他恣意横行于人类精神的海洋，让智慧的小船难以驾驭，让科研的"泰坦尼克"一次又一次沉没……

人类的精神威信建立在科学对迷信和无知的胜利之上，人类的群体的精神健康依赖于一种自信，只有自信才能导入完美的信念使理想进入未来中，完美的信念使人生的辛劳和痛苦得以减轻，这样任何惊心动魄的灾难，荡气回肠的悲怆都难以摧毁人的信念，只有感到无能时，信念才会土崩瓦解。肉体在空虚的灵魂诱导之下融入畜类，人类在失败中引发自卑。哥德巴赫猜想的哲学意义正是如此。

费马大定理

数论是数学的一个历史悠久的分支，可以说，数学最古老的分支之一就是数论。数论有个非常奇妙的特点：它的许多问题表述，经过少许解释，小学生也能弄懂，但问题的解决却足以难倒数学大家！数论的各个分支中都有类似的问题，有些问题竟经人们研究数百年而不得其解。费马大定理就是数论中一个这样的难题。

1650 年左右，费马在阅读丢番图《算术》拉丁文译本时，曾在第 11 卷第 8 命题旁写道："将一个立方数分成两个立方数之和，或一个四次幂分成两个四次幂之和，或者一般地将一个高于二次的幂分成两个同次幂之和，这是不可能的。关于此，我确信已发现了一种美妙的证法，可惜这里空白的地方太小，写不下"。

当整数 $n > 2$ 时，关于 x，y，z 的不定方程 $x^n + y^n = z^n$ 无正整数解。

费马大定理的最大优点是意思容易理解。这个定理之所以著名，是因为它的证明无比困难。

毕竟费马没有写下证明，而他的其他猜想对数学贡献良多，由此激发了许多数学家对这一猜想的兴趣。大约350年来无数世界顶尖数学家尝试过解决这个难题，却都无功而返。为了证明这个定理，数学家们发明了全新的数学理论，却使该定理的证明看上去更加困难了。

下面让我们回溯一下事情的来龙去脉。

丢番图是希腊人，他住在古都亚历山大。大约公元250年的某个时候，他写了一本关于解代数方程的书，其中略微做了调整：要求答案是分数，最好是整数。现在人们将这样的方程称为丢番图方程。典型的丢番图问题为：求两个平方数，使得其和是平方数（仅使用整数）。一个可能的答案是9和16，加起来等于25。这里9是3的平方，而16是4的平方，25是5的平方。另一个答案是25（5的平方）和144（12的平方），加起来等于169（13的平方）。这些只是冰山一角。

这个特殊的问题与毕达哥拉斯定理有关联，丢番图沿袭了寻找毕达哥拉斯三元组（可以组成直角三角形的边的整数）的长期传统。丢番图写下了求所有毕达哥拉斯三元组的一般规则。虽然他不是第一个发现这一规则的人，但是它非常自然地出现在他的书中。而费马并不是职业数学家（他从来没有学术地位）。他的本行是律师。但是他的爱好是数学，尤其是我们现在所谓的数论：普通整数的性质。虽然这个思想使用的是数学中随处可见的最简单的成分，但是奇怪的是，这也是最难取得进展的领域。成分越简单，越难用它们做事情。

费马接着做了丢番图停下的工作，当他完成时，这一课题实际上还未被承认。大约在1650年，他肯定一直在思考毕达哥拉斯三元组，并想到为什么不能用三次方来组成这样的三元组呢？

正如一个数的平方是将两个相同的数相乘，立方则是将三个相同的数相乘。比如，5的平方是$5 \times 5 = 25$，5的立方是$5 \times 5 \times 5 = 125$。分别缩写为$5^2$和$5^3$。毫无疑问，费马尝试了几种可能性。比如，1的立方与2的立方的和是立方数吗？它们的立方分别是1和8，因此它们的和是9。这是一个平方数，而不是立方数：所以不行。

他一定注意到了，可以非常接近立方数。9的立方是729；10的立方是1000；其和为1729。这个数非常接近12的立方1728。仅差1！仍然不行。

和所有数学家一样，费马尝试过较大的数，使用过他能想到的任何捷径。无一有效。最终他放弃了：他找不到任何答案，至此他猜想没有这样的数。除了0的立方和任何立方数相加都是这个立方数。但是我们都知道，加上 0 对任何数都没有区别，因此这个例子"没有价值"，他对没有价值的事情不感兴趣。

也就是说，立方数没有取得任何进展。下一个这种类型的数是什么情况呢？比如 4 次方呢？将同一个数自乘 4 次，比如 $3\times3\times3\times3=81$ 是 3 的四次幂，写成 3^4。仍然没有出现奇迹。事实上，对于 4 次幂，费马发现了一种逻辑证明，结论是除了一个没有价值的例子外无解。

费马的证明留下来的很少，写下来的更少，但是我们知道这个证明既巧妙又正确，它从丢番图求毕达哥拉斯三元组的方法中得到了一些启发。

五次幂呢？六次幂呢？仍然不行。这时费马已经打算作出这样的大胆声明了："当 $n>2$ 时，就找不到满足 $x^n+y^n=z^n$ 的整数解，例如：方程式 $x^3+y^3=z^3$ 就无法找到整数解。方程式 $x^4+y^4=z^4$ 也找不到整数解。"即，两个 n 次幂加起来等于一个 n 次幂的唯一情况只出现在 $n=2$ 时，即我们所看到的毕达哥拉斯三元组。这就是他写在书的空白处，导致后来无数人努力了数百年的定理。

我们实际上并没有费马在空白处写了注释的《算术》一书原稿。只有后来他儿子提供的该书的印刷版，其中也印刷了他的注释。

费马在他的信件和他儿子出版的书页空白处注释中还写有其他一些没有证明但是令人着迷的数学定理。全世界的数学家都在挑战这些定理的证明。很快，除了费马的这一陈述外，其他定理都得到了证明（除了有一条被反驳，但是那条定理费马从来没有表示他已证明过）。唯一剩下的"大定理"，并不是他写下的最后一个定理，而是最后一条没有人能够证明或反驳的定理，即写在书页空白处关于等幂和的注释。

此时，费马大定理已经众所周知了。欧拉证明了这一定理对于立方数无解。

瑞士大数学家欧拉在 1769 年提出："费马猜想能够加以推广，就像两个三次幂之和（或差）不是三次幂一样（即不定方程 $x^3+y^3=z^3$ 无整数解），肯定也找不到三个正整数的四次幂之和是一个整数的四次幂（即欧拉猜测，$x^4+y^4+z^4=u^4$ 没有正整数解），而要组成一个整数的四次幂至少需要四个整数的四次幂（即只能是 $x^4+y^4+z^4+u^4=v^4$ 有正整数解），尽管现在还没有人找到这样的四个四次幂。同样地，也不可能找到四个整数的五次幂之和是一个整数的五次幂（即欧拉猜测，$x^5+y^5+z^5+u^5=v^5$ 没有正整数解），可以类推到更高次幂（即欧拉猜测，一般地 $x_1^n+\cdots+x_{n-1}^n=y^n$ 没有正整数解）。"100 多年来，欧拉的这一串猜测毫无进展。直到 1911 年，诺里终于找到了 5 个整数满足等式 $30^4 + 120^4 + 272^4 + 315^4 = 353^4$，证实了"四个四次幂能组成一个四次幂"。但欧拉猜测方程

$$x^4 + y^4 + z^4 = u^4 \qquad ①$$

没有正整数解，却没有得到明确结论。到 20 世纪 40 年代，瓦德证明了，$u \leqslant 10000$ 时欧拉这一猜测是正确的。到 1967 年，兰德等人将猜测正确的 u 的上界推进到 220000。正当人们认为欧拉关于上面方程①的猜想可能是正确的时候，出人意料的是，1988 年 2 月在日本京都大学主办的不定方程会议上，美国哈佛大学的艾尔基斯宣称，他利用椭圆曲线理论证明了方程①有无穷多个正整数解！并用计算机找到其中一组解：

$x = 2682440$，$y = 15365639$，$z = 18796760$，$u = 20615673$。从而，推翻了欧拉对四次幂的猜测，在他的建议下，弗赖伊利用计算机运转大约 100 小时，得到方程①的更小的正整数解：

$$95800^4 + 217519^4 + 414560^4 = 422481^4$$

并发现这是方程①在 $u < 1000000$ 的条件下的唯一解。

关于五次幂的欧拉猜测，早在 1966 年已由兰德和帕金找到一个反例：

$$27^5 + 84^5 + 110^5 + 133^5 = 144^5$$，而被推翻。

对于 6 次幂和更高次幂的欧拉猜测的命运如何呢？现在既没有证明它，也没有找到反例推翻它。但鉴于 4 次幂与 5 次幂的情况，人们又会做何打算呢？

费马本人证明了这一定理对于 4 次幂无解。彼得·勒琼·狄利克莱在 1828 年证明了 5 次幂无解，在 1832 年证明了 14 次幂无解。加布里埃尔·雷姆证明了 7 次幂无解，但其中有一个错误。在世的最好的数学家之一、数论专家卡尔·弗里德里希·高斯，曾尝试修订过雷姆的证明，但是失败了，并放弃了整个问题。他写信给一位科学家朋友，信中表示这个问题"对我来说吸引力不大，因为为数众多的此类既没法证明又没法反驳的命题很容易用公式表示"。但是只有一次，高斯的直觉让他无奈地承认：这个问题很有趣，他以前的评论似乎有点酸葡萄心理。

1874 年雷姆有了一个新想法，将费马大定理与一种特殊类型的复数联系起来，即涉及 −1 的平方根的复数。虽然复数一点儿也没错，但是雷姆的论据中有一个隐藏的假设，恩斯特·库默尔写信给他，告诉他 23 次幂错了。库默尔成功地修复了雷姆的想法，最终证明了费马大定理到 100 为止除 37、59 和 67 外的所有幂。后来的数学家把这几个幂也证明了，并延长了这个列表，到 1980 年时，费马大定理已经被证明了到 125000 为止的所

有次幂。

你可能以为这已足够好了，但是数学家们都是精益求精的。要么是所有幂都成立，要么都不成立。与其余无穷多数相比，125000 个整数只占一小部分。但是库默尔的方法中每个幂需要特殊参数，所以也不真正符合要求。这时需要一种新思想。遗憾的是，没有人知道应该到何处去找新思想。

因此很多数论家放弃了费马大定理，转而钻进他们仍然能取得进展的领域中。有这样一个领域——椭圆曲线。它一开始很激动人心，但是技术性也非常强。椭圆曲线并不是椭圆（如果是椭圆，就不需要另外起个不同的名称了）。它是平面图中的曲线，其标准方程是关于 y 坐标的平方与 x 坐标的立方的公式。人们将这些曲线与一些涉及复数的特殊表达式关联起来。这样的表达式称为椭圆函数，在 19 世纪后期颇为流行。椭圆曲线理论及其关联的椭圆函数变得非常深入而强大。

大约从 1970 年起，有些数学家开始发现椭圆曲线与费马定理之间有一种特别的联系。大体上来说，如果费马定理是错的，两个 n 次幂加起来确实等于另一个 n 次幂，那么那三个数就确定了一条椭圆曲线。因为像那样的幂相加，将得到非常奇怪的椭圆曲线，具有惊人的特性组合。事实上，格哈·费雷指出，它是如此令人吃惊，以至于看上去几乎像不可能存在的曲线。

这一观察开发了一种"反证"的方式，为了证明一些陈述是正确的，先假定它是错误的。然后推理这一错误陈述的合理结果，如果结果互相矛盾或者与已知事实相抵触，那么你的假定就一定是错误的，因此这个陈述肯定是正确的。

1986 年，肯尼思·里贝证明，如果费马大定理是错误的，那么关联的椭圆曲线就违反日本数学家谷山丰和志村五郎推测的猜想（似是而非但未经证实的定理），所以费马大定理不是错误的。这个"谷山—志村"猜想起始于 1955 年，其内容是：每条椭圆曲线都与一类称为模函数的特殊椭圆函数关联。

里贝的发现暗示了只要证明了谷山—志村猜想，也就证明（通过反证）了费马大定理。因为假定费马大定理是错的，就表示费雷的椭圆曲线存在，但是谷山—志村猜想告诉我们椭圆曲线根本不存在。

遗憾的是，谷山—志村猜想只不过是猜想。

下面讲安德鲁·威利斯。威利斯小时候就听说了费马大定理，所以下决心长大后当数学家来证明这个定理。但当他真的成了数学家时，他对费马大定理的看法很像高斯抱怨的：这是主流数学家不是特别感兴趣的孤立问题。但是费雷的发现改变了他的这一看法。这意味着威利斯可以证明谷山—志村猜想，这是一个重要的主流问题，它当时的吸引力远胜于费马大定理。

现在，谷山—志村猜想非常难，但是它与数学的很多领域有密切的关系，并稳地地处于技术非常强大的腹地——椭圆曲线。威利斯花了 7 年进行研究，尝试了能想到的每种技术，来努力证明谷山—志村猜想。

1993 年 6 月，威利斯在世界顶尖数学研究中心之一的剑桥大学牛顿学院连作了三场讲座。题为：模形式、椭圆曲线和伽罗瓦表示，但是专家们知道这次讲座实际上是关于谷山—志村猜想的，也有可能是关于费马大定理的。在演讲的第三天，威利斯宣布他证明了谷山—志村猜想，不是适用于所有椭圆曲线，而是针对一种特殊的称为"半稳定的"椭圆曲线。

费雷的椭圆曲线如果存在，也是半稳定的。威利斯实际上是在告诉听众，他证明了费马大定理。

但是他没有表达得这么直白。在数学领域，不会因为办个讲座说你得出了某个大问题的答案就得到认可。你必须全面发表你的观点，使其他每个人都能检验你的答案的正确性。当威利斯开始这个过程时（包括在发表前让专家仔细检查论文）发现了一些逻辑上的瑕疵。他很快修正了其中的大部分瑕疵，但是有一个问题似乎要难得多，所以论文无法发表。当有谣言表示这个问题的证明已失败时，威利斯进行了最后一次尝试来支撑他越来越摇摇欲坠的证明时，出乎大多数人的意料，他成功了。最后一个技术支点是他以前的学生理查德·泰勒提供的，到 1994 年 10 月底，终于完成了证明。

通过发展威利斯的新方法，谷山—志村猜想现在被证明适用于所有椭圆曲线，而不仅仅是半稳定椭圆曲线。虽然费马大定理的结果引起的波澜仍然不太大（它的正确与否并不是太重要），但是用来证明这个定理的方法却为数学史增添了永恒而重大的一笔。

人们仍然有一个疑问。费马是否真的如他在书页空白处所说的对这个定理作了有效的证明？如果他确实证明了，那肯定不是威利斯的这种证明方法，因为在费马时代还没有出现威利斯证法所必需的思想和方法。费马又是如何证明的呢？至今仍是困扰着人类的一个谜团。

 知识点

费 马

费马（1601～1665）是一位业余数学家。之所以称费马"业余"，是由于他具有律师的全职工作。享有"业余数学家之王"之称。费马独立于笛卡儿发现了解析几何的基本原理。16～17世纪，微积分是继解析几何之后的最璀璨的明珠。人所共知，牛顿和莱布尼茨是微积分的缔造者，并且在其之前，至少有数十位科学家为微积分的发明做了奠基性的工作。但在诸多先驱者当中，费马仍然值得一提，主要原因是他为微积分概念的引出提供了与现代形式最接近的启示，以致于在微积分领域，在牛顿和莱布尼茨之后再加上费马作为创立者，也会得到数学界的认可。帕斯卡和费马研究了意大利的帕乔里的著作《摘要》，建立了通信联系，从而建立了概率学的基础。费马将不定方程的研究限制在整数范围内，从而开始了数论这门数学分支。

 延伸阅读

费马对光学的贡献

费马在光学中突出的贡献是提出最小作用原理，也叫最短时间作用原理。这个原理的提出源远流长。早在古希腊时期，欧几里得就提出了光的直线传播定律和反射定律。后由海伦揭示了这两个定律的理论实质——光线取最短路径。经过若干年后，这个定律逐渐被扩展成自然法则，并进而成为一种哲学观念。一个更为一般的"大自然以最短捷的可能途径行动"的结论最终得出来，并影响了费马。费马的高明之处则在于变这种哲学的观念为科学理论。费马同时讨论了光在逐点变化的介质中行进时，其路径取极小的曲线的情形。并用最小作用原理解释了一些问题。这给许多数学家以很大的鼓舞。尤其是欧拉，竟用变分法技巧把这个原理用于求函数的极值。这直接导致了拉格朗日的成就，给出了最小作用原理的具体形式：

对一个质点而言，其质量、速度和两个固定点之间的距离的乘积之积分是一个极大值和极小值；即对该质点所取的实际路径来说，必须是极大或极小。

勾股数引出的问题

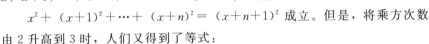

很早的时候，我国古代人已经知道了直角三角形中勾、股、弦之间的一个特殊关系：$3^2+4^2=5^2$。今天我们把满足 $a^2+b^2=c^2$ 的整数 (a, b, c) 称为勾股数。$(3, 4, 5)$ 就是一组勾股数。可以证明这是唯一一组由连续正整数构成的勾股数，不仅如此，人们发现任何 4 个或更多个连续正整数 $x, x+1, \cdots, x+n, x+n+1$ $(n \geq 2)$ 都不能使等式：

$$x^2+(x+1)^2+\cdots+(x+n)^2=(x+n+1)^2$$

成立。但是，将乘方次数由 2 升高到 3 时，人们又得到了等式：

$$3^3+4^3+5^3=6^3 。$$

1900 年埃斯科特提出问题：求解方程

$$x^m+(x+1)^m+\cdots+(x+n)^m=(x+n+1)^m \qquad ①$$

并且证明了，当 $m=2, 3, 4, 5$ 时，只有下列两组正整数解：

$3^2+4^2=5^2$（即 $x=3, n=1, m=2$），

$3^3+4^3+5^3=6^3$（即 $x=3, n=2, m=3$）。此后，这个问题一直没有得到什么进展。

柯 召

1962 年，我国四川大学的柯召教授继续埃斯科特的工作，证得 $m=6, 7, \cdots, 33$ 时，方程①有正整数解。1978 年柯召等人再次获得进展，证得对一切大于 3 的奇数 m，方程①都没有正整数解，同时对一些偶数 m 也证出了同一结论。至此，埃斯科特问题只剩下偶数 m 的情形未获解决。

有趣的是，看来比上面方程①更复杂的方程 $(x-n)^m+(x-n+1)^m+\cdots+(x-1)^m+x^m=(x+1)^m+(x+2)^m+\cdots+(x+n)^m$ ②的正整数解问题却获得圆满解决。当 $m=2$ 时，可解得 $x=2n(n+1)$，其中 n 可取任意正整数，因而有无穷多个解。当 $m=3$ 或 4 时，早在 1906 年就有人证得方程②没有正整数解。1963 年柯召教授一举证明，当 $m>2$ 时，方程②都没有正整数解。

话题还是回到勾股数。今天我们不仅知道许多勾股数，而且已能计算所有的勾股数：

当 a 与 b 互质，b 为偶数时，全部勾股数可表为

$$a=s^2-t^2,\ b=2st,\ c=s^2+t^2 \tag{③}$$

其中 $s>t>0$，s 与 t 为一奇一偶且互素的任意正整数。

勾股数有许多有趣的性质，例如每一组勾股数 a、b、c 中，必有能被 3、4、5 整除的数。

1956 年杰斯玛诺维兹猜测，当 a、b、c 是勾股数时，指数不定方程 $a^x+b^y=c^z$ 只有一组正整数解 $x=y=z=2$。

将近 40 年过去了，这个问题仍未完全解决。

1965 年，迪姆詹尼柯一举证明了对于下列两组特殊类型的勾股数，杰斯玛诺维兹猜想是正确的：

$a=2n+1$，$b=2n(n+1)$，$c=2n(n+1)+1$（n 为任意自然数）。

$a=m^2-1$，$b=2m$，$c=m^2+1$（m 为大于 1 的任意自然数）。这两组数并没有包括所有的勾股数，例如，勾股数 $a=21$，$b=20$，$c=29$ 就不在其中。

早在 1959 年，柯召教授就针对一般的勾股数③探讨了杰斯玛诺维兹猜想的正确性，并首先获得一些成果。但是杰斯玛诺维兹猜想还未完全解决。

$a^x+b^y=c^z$④的另一个研究热点是，当 a、b、c 取不同的素数时的非负整数解 (x,y,z)。

1958 年，数学家奈格尔首先求得 a、b、c 不超过 7 时，方程④的全部非负整数解：

$2^x+3^y=5^z$ 的解 $(1,1,1)$，$(2,0,1)$，$(4,2,2)$。

$2^x+5^y=3^z$ 的解 $(1,0,1)$，$(1,2,3)$，$(2,1,2)$，$(3,0,2)$。

$3^x+5^y=2^z$ 的解 $(0,0,1)$，$(1,0,2)$，$(1,1,3)$，$(3,1,5)$，$(1,3,7)$。

$2^x + 3^y = 7^z$ 的解 $(2, 1, 1)$。

$2^x + 7^y = 3^z$ 的解 $(1, 0, 1)$，$(1, 1, 2)$，$(3, 0, 2)$，$(5, 2, 4)$。

$3^x + 7^y = 2^z$ 的解 $(0, 0, 1)$，$(1, 0, 2)$，$(0, 1, 3)$，$(2, 1, 4)$。

$2^x + 5^y = 7^z$ 的解 $(1, 1, 1)$。

$2^x + 7^y = 5^z$ 的解 $(2, 0, 1)$。

$5^x + 7^y = 2^z$ 的解 $(0, 0, 1)$，$(0, 1, 3)$，$(2, 1, 5)$。

1976 年，哈达诺等人继续奈格尔的工作，求出了 a、b、c 中最大值取 11、13、17 时的全部非负整数解。

1984 年，四川大学的孙琦教授给出了 a、b、c 中最大值为 19 时的全部非负解。第二年杨晓卓求出了 a、b、c 中最大值是 23 的全部非负解。在此基础上有人猜测，当 a、b、c 中有超过 7 的素数时，方程④最多只有一组正整数解（$x > 0$，$y > 0$，$2 > 0$）。

此猜想已经对小于 100 的素数 a、b、c 获得证明。

知识点

柯 召

柯召（1910～2002），浙江温岭人，中国杰出数学家。1935 年赴英国曼彻斯特大学留学，师从著名数学家莫德尔。1937 年获博士学位，回国后在四川大学任教。1955 年被聘为中国科学院学部委员（数理化学部）（1994 年起改称院士）。他从 20 世纪 30 年代起发表了近百篇卓有创见的论文，在国际上产生了很大的影响，被称为中国"近代数论的创始人""二次型研究的开拓者"。他关于不定方程卡特兰问题的研究结果，在国际上被誉为柯氏定理，他创造的方法，至今仍被广泛引用。匈牙利籍犹太著名数学家爱多士在 20 世纪 60 年代与柯召及拉多合作的有关有限集合的工作，即现在所谓的爱多士—柯—拉多定理，在文献上称为一条里程碑式的定理。2002 年 8 月，他作为特邀代表出席了在北京召开的世界数学家大会，体现了国际数学界对柯老的敬重。

爱多士

爱多士（1913～1996），匈牙利籍犹太人，发表数学论文高达 1475 篇（包括和他人合写的），为现时发表论文数最多的数学家（第二位为欧拉）；曾和 511 人合写论文。他热爱自由，十分讨厌权威，尤其是法西斯。他四处游历，探访当地的数学家，与他们一起工作，合写论文。他很重视数学家的培训，遇到有天分的孩子，会鼓励他们继续研究。他经常沉思数学问题，视数学为生命，在母亲死后，他开始经常服食精神药物。他经常长时间工作，老年仍每日工作 19 小时，酷爱饮咖啡，曾说"数学家是将咖啡转换成定理的机器"。

爱多士十分独持。除了衣食住行这些生活基本要知的事之外，他对很多问题也毫不关心，年轻时甚至被人误以为是同性恋者，但其实他无论对异性或是同性都没有兴趣。事实上，他是一个博学的人，对历史了如指掌，但长大后只专注数学。他说话有自己的一套"密语"，用各种有趣的名词来代替神、美国、孩子和婚姻等，如上帝被叫做 SF（Supreme Fascist，最大的法西斯的简称），小孩子被叫做 epsilon（希腊语字母 ε，数学中用于表示小量），美国被叫做山姆（Sam）。

康托连续统假设

为了说明什么是连续统假设，我们从康托和他在 29 岁时具有开拓性的论文说起。

康托于 1845 年 3 月 3 日出生在俄国圣彼德堡的一个富商家庭，同最有才华的数学家一样，他的数学才能在 15 岁以前就得到了承认。

1862 年康托在苏黎世开始了他的大学生活，学习数学，次年父亲病逝，他转学到柏林大学，师从库默尔、魏尔斯特拉斯和他以后的敌人克罗内克。在此期间他钻研了高斯的《算术研究》，1867 年获博士学位。

康托最早的兴趣是数论，对无穷的巨大贡献则是始于他对三角级数（傅立叶级数）的研究。康托的革命性的论文是在 29 岁时作出的。在这篇

康 托

论文中，康托证明了代数数集与有理数集的可数性以及实数集的不可数性，同年构作了康托集。

在论文中，康托说，如果是一个有理系数的代数方程的根，那么就是一个代数数。这样一来代数数要比有理数多得多，但这恰好是错的，康托证明了代数数与有理数集包含同样多的元素。

康托用到的是一一对应的思想：如果两个集合之间的元素能够建立一一对应的关系，那么它们就有相同的基数（集合的基数就是指它所包含元素的个数），用同样的方法他也证明了代数数集与有理数集都和自然数集有同样的基数。康托称它们为可数的，而实数集则是不可数的。所谓可数的，通俗地理解就是说它的元素经过适当地排列后可以按 1，2，3……数遍它们，而实数集中的元素却不能如此数遍。

正如用 3，5，6 等来标识一个有限数集中元素个数一样，康托决定用符号来表示无穷集合中的元素个数，也就是现在的超限数，他用阿列夫零来表示自然数集的基数，而实数集被证明是大于自然数集的（所谓集合 A 大于集合 B 是指 B 能与 A 的一部分建立一一对应关系，而 A 不能与 B 或它的子集建立一一对应关系），用符号来表示实数集的基数。

自然数集是最小的无穷集合，自然数集的势记作阿列夫零。康托证明连续统势等于自然数集的幂集的势。是否存在一个无穷集合，它的势比自然数集的势大，比连续统势小？这个问题被称为连续统问题。

2000 多年来，人们一直认为任意两个无穷集都一样大。但康托却提出了任何一个集合的幂集（即它的一切子集构成的集合）的势都大于这个集合的势，人们才认识到无穷集合也可以比较大小。

由于康托关于无穷的工作与人们的传统观念格格不入，很多结论对早期思想家来说很是荒谬，因而引起了大多数数学家的反对，其中最为严重的是克罗内克，甚至到了人身攻击的地步。

由于克罗内克的权威地位，康托始终没有实现他在柏林大学获得教授

职位的梦想，而成了德国一所三流大学哈雷大学的教授。不过幸运的是，还是有人理解他的理论的，当时的戴德金和罗素都是了解康托颠覆性学说的数学家，希尔伯特甚至对他的学说给出了很高的评价。

1884 年春，康托由于同代人的公开指责以及集合论的难题和连续统假设的折磨，在他 40 岁时第一次精神崩溃，住进了精神病院。他的关于无穷的正确理论的一些最好成果都是在两次发作的间歇期完成的。

随着 20 世纪的到来，康托的工作逐渐被人们接受，集合论在各个领域都有用武之地，概率论以及实变函数等都借助于集合论。康托于 1918 年 1 月 6 日在哈雷大学的精神病院去世，他最后得到了荣誉和承认。

关于连续统假设的问题至今没有被解决，只有哥德尔（1940 年）和柯恩（1963 年）分别证明了连续统假设与连续统假设的否定都与集合论公理体系不矛盾。也就是说连续统假设对与否无法由集合论公理体系确定。

不过，正如希尔伯特所言："没有人能把我们从康托为我们创造的乐园中驱逐出去"。对于连续统假设的问题，人们依旧在探索。

哥德尔

哥德尔（1906～1978），其国籍说不清，一般认为是奥地利。是世界上有名的数学家、逻辑学家和哲学家。早年在维也纳大学攻读理论物理、基础数学，后来又转研数理逻辑、集合论。1938 年到美国普林斯顿高等研究院任职，1948 年加入美国籍。1953 年成为该所教授。哥德尔发展了冯·诺伊曼和伯奈斯等人的工作，其主要贡献在逻辑学和数学基础方面。在 20 世纪初，他证明了形式数论（即算术逻辑）系统的"不完全性定理"。他还致力于连续统假设的研究，在 1930 年采用一种不同的方法得到了选择公理的相容性证明。3 年以后又证明了（广义）连续统假设的相容性定理，并于 1940 年发表。他的工作对公理集合论有重要影响，而且直接导致了集合和序数上的递归论的产生。

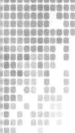

康托的遭遇

由康托首创的全新且具有划时代意义的集合论，是自古希腊时代的两千多年以来，人类认识史上第一次给无穷建立起抽象的形式符号系统和确定的运算，它从本质上揭示了无穷的特性，使无穷的概念发生了一次革命性的变化。不过康托的集合论并不是完美无缺的，一方面，他对"连续统假设"和"良序性定理"始终束手无策；另一方面，19和20世纪之交发现的布拉利－福蒂悖论、康托悖论和罗素悖论，使人们对集合论的可靠性产生了严重的怀疑。很难为当时的数学家所接受，遭到了许多人的反对。1884年，由于连续统假设长期得不到证明，精神上屡遭打击，他精神崩溃了。从此深深地卷入神学、哲学及文学的争论而不能自拔。

康托的集合论得到公开的承认是在瑞士苏黎世召开的第一届国际数学家大会上。瑞士苏黎世理工大学教授胡尔维茨在他的综合报告中，明确地阐述康托集合论对函数论的进展所起的巨大推动作用。大数学家希尔伯特高度赞誉康托的集合论"是数学天才最优秀的作品"，"是这个时代所能夸耀的最了不起的工作"。

冰雹猜想

让我们先来做一个游戏：

你随便取一个自然数，如果它是偶数，就用2去除它；如果它是奇数，将它乘3之后再加1，这样反复运算，你会发现，最终必然得1。

比如，取自然数 $N=6$。6是偶数，要先用2除，$6÷2=3$；3是奇数，要将它乘3之后再加1，$3×3+1=10$；按照上述法则续往下做：

$10÷2=5$；

$5×3+1=16$；

$16÷2=8$；

$8÷2=4$；

$4÷2=2$；

$2 \div 2 = 1$。

从 6 开始经历了 $3 \rightarrow 10 \rightarrow 5 \rightarrow 16 \rightarrow 8 \rightarrow 4 \rightarrow 2 \rightarrow 1$，最后得 1。

用一个大一点儿的数运算，结果还是这样吗？取自然数 $N = 16384$。你会发现这个数连续用 2 除了 14 次，最后还是得 1。

上面用的两个数都是偶数，奇数是不是这样的呢？

取自然数 $N = 19$。按照上面的法则来算，可以得到下面一串数字：

$19 \rightarrow 58 \rightarrow 29 \rightarrow 88 \rightarrow 44 \rightarrow 22 \rightarrow 11 \rightarrow 34 \rightarrow 17 \rightarrow 52 \rightarrow 26 \rightarrow 13 \rightarrow 40 \rightarrow 20 \rightarrow 10 \rightarrow$
$5 \rightarrow 16 \rightarrow 8 \rightarrow 4 \rightarrow 2 \rightarrow 1$。

经过 20 步，最终也变为最小的自然数 1。

这个有趣的现象引起了许多数学爱好者的兴趣。一位美国数学家说："有一个时期，在美国的大学里，它几乎成了最热门的话题。数学系和计算机系的大学生，差不多人人都在研究它。"

人们通过大量演算发现最后结果总是得 1。于是，数学家便提出如下一个猜想：

对于任一个自然数 N，如果 N 是偶数，就把它变成 $\dfrac{N}{2}$；如果 N 是奇数，就把它变成 $3N + 1$。按照这个法则运算下去，最终必然得 1。

这个猜想最初是由哪位数学家提出来的，已经搞不清楚了，但似乎并不古老。20 世纪 30 年代，德国汉堡大学的学生考拉兹就研究过它，所以这个猜想也被称做考拉兹猜想。1952 年一位英国数学家独立发现了它。几年之后，它又被一位美国数学家所发现。自 20 世纪 50 年代起，这个问题一再引起人们的广泛兴趣。

在日本，这个问题最早是由角谷静夫介绍到日本的，所以日本人称它为"角谷猜想"。1960 年角谷静夫初次听到这个问题，他说："有一个月，耶鲁大学每一个人都在研究这个问题，但没有任何结果。我到芝加哥大学提出这个问题之后，也出现了同样现象。有人开玩笑说，这个问题是企图减缓美国数学进展的一个阴谋"。足见这个问题的吸引力之大。

人们争先恐后地去研究这个猜想，一遍遍地进行运算，在运算过程中发现，算出来的数字忽大忽小，有的计算过程很长。比如从 27 算到 1，需要 112 步。有人把演算过程形容为云中的小水滴，在高空气流的作用下，忽高忽低，遇冷结冰，体积越来越大，最后变成冰雹落了下来，而演算的数字最后也像冰雹一样掉了下来，变成了 1。因此人们又给这个猜想起了个形象的名字——冰雹猜想。

诱人的"数字冰雹"把研究者的热情一点儿点地变冷了，很多人退了出来，仍在坚持研究的人，至今还是证明不出来。这一串串数难道一点儿规律也没有吗？

有。研究者惊喜地发现，每串数的最后 3 个数都是 4→2→1。

为了验证这个事实，从 1 开始算一下：

$3 \times 1 + 1 = 4$；

$4 \div 2 = 2$；

$2 \div 2 = 1$。

结果是从 1→4→2→1 转了一个小循环又回到了 1。

不论从哪个自然数开始，经过漫长的历程，几十步、几百步、几千步，最终都要掉进 1→4→2→1 这个循环中去。有的数学家开玩笑说，1→4→2→1 是个"数字陷阱"，掉进去就别想出来！

日本东京大学的米田信夫对 2^{40}（大约相当于 1.2 万亿）以下所有的自然数在电子计算机中逐一进行了验算，最后无一例外地都以 1→4→2→1 结束。

虽然人们对大量的自然数做了验算，但是"大量"并不能代表"全体"，要知道自然数有无穷多个，靠验算是验算不完的，必须找出一般规律（数学上常常用公式表示）。也许 1→4→2→1 这个"陷阱"能成为解决该问题的突破口吧。

知识点

角谷静夫

角谷静夫（1911～2004），日本著名数学家。耶鲁大学教授。毕业于东北帝国大学理学部数学科。1941 年发表了不动点定理。角谷的不动点定理将布劳威尔的不动点定理一般化。在经济学和游戏理论中，角谷的不动点定理现在被频繁使用。角谷静夫和德国著名数学家考拉兹分别提出冰雹猜想（又称角谷猜想、考拉兹猜想、$3n+1$ 猜想、哈塞猜想、乌拉姆猜想或叙拉古猜想等）。

千奇百怪的数

东京大学倡导"教授治校"

东京大学在治学理念上有一个显著特点是将"教授治校"放在学校管理的核心位置。这可以说是东京大学各院系保持高度专业性和学术性的一项根本保障。除了管理奖学金、支援留学生等服务性部门，东京大学的各个院系几乎都没有专门的行政人员。每个院系的管理者，就是它们自己的教授和老师，甚至连学籍管理、网络维护这些杂事都是由教师们亲力亲为。在这样的管理模式下，每个院系甚至每个老师都享有高度的自治权，他们的每一个行政措施，都是为教学和科研服务的。在这样的管理模式下，东京大学的学术自由得到了充分发挥。

NP 完全问题

NP 完全问题，简单的写法，是 NP＝P? 的问题。问题就在这个问号上，到底是 NP 等于 P，还是 NP 不等于 P。

美国的克雷数学研究所于 2000 年 5 月 24 日在巴黎法兰西学院宣布了一件被媒体炒得火热的大事：对七个"千僖年数学难题"的每一个悬赏 100 万美元。NP 完全问题排在百万美元大奖的首位，足见他的显赫地位和无穷魅力。

NP 就是 Non－deterministic Polynomial 的问题，也即是多项式复杂程度的非确定性问题。

什么是非确定性问题呢？有些计算问题是确定性的，比如加减乘除之类，你只要按照公式推导，按部就班一步步来，就可以得到结果。

但是，有些问题是无法按部就班就能直接地计算出来的。比如，找大质数的问题。有没有一个公式，你一套公式，就可以一步步推算出来，下一个质数应该是多少呢？这样的公式是没有的。

再比如，大的合数分解质因数的问题，有没有一个公式，把合数代进去，就直接可以算出，它的因子各自是多少？也没有这样的公式。

这种问题的答案，是无法直接计算得到的，只能通过间接的"猜算"来得到结果。这也就是非确定性问题。而这些问题通常有一个算法，它不能直接告诉你答案是什么，但可以告诉你，某个可能的结果是正确的答案还是错误的。这个可以告诉你"猜算"的答案正确与否的算法，假如可以在多项式时间内算出来，就叫做多项式非确定性问题。而如果这个问题的所有可能答案，都是可以在多项式时间内进行正确与否的验算的话，就叫完全多项式非确定问题。

完全多项式非确定性问题可以用穷举法得到答案，一个个检验下去，最终便能得到结果。但是这样算法的复杂程度，是指数关系，因此计算的时间随问题的复杂程度成指数地增长，很快便变得不可计算了。

人们发现，所有的完全多项式非确定性问题，都可以转换为一类叫做满足性问题的逻辑运算问题。既然这类问题的所有可能答案，都可以在多项式时间内计算，人们于是就猜想，是否这类问题，存在一个确定性算法，可以在指数时间内，直接算出或是搜寻出正确的答案呢？

这就是著名的 NP＝P？的猜想。

解决这个猜想，无非两种可能，一种是找到一个这样的算法，只要针对某个特定 NP 完全问题找到一个算法，所有这类问题就都可以迎刃而解了，因为他们可以转化为同一个问题。另外的一种可能，就是这样的算法是不存在的。那么就要从数学理论上证明它为什么不存在。

几个印度人曾提出了一个新算法，可以在多项式时间内，证明某个数是或者不是质数，而在这之前，人们认为质数的证明，是个非多项式问题。

可见，有些看来好像是非多项式的问题，其实是多项式问题，只是人们一时还不知道它的多项式解而已。

虽然百万美元的奖金和大量投入却没有实质性结果的研究足以显示该问题是困难的，还有一些形式化的结果证明为什么该问题可能很难解决。

最常被引用的结果之一设计神喻。

假想你有一个魔法机器可以解决单个问题，例如决定一个给定的数字是否为质数，但可以瞬间解决这个问题。

我们的新问题是，若我们被允许任意利用这个机器，是否存在我们可以在多项式时间内验证但无法在多项式时间内解决的问题？

结果是，依赖于机器能解决的问题，P＝NP 和 P≠NP 二者都可以证明。这个结论的后果是，任何可以修改来证明该机器的存在性的结果都不能解决问题。

不幸的是，几乎所有经典的方法和大部分已知的方法可以这样修改。

1993 年，Razborov 和 Rudich 证明的一个结果表明，给定一个特定的可信的假设，在某种意义下"自然"的证明不能解决 P＝NP 问题。这表明一些现在似乎最有希望的方法不太可能成功。随着更多这类的定理得到证明，该定理的可能证明有越来越多的陷阱要规避。

这实际上也是为什么 NP 完全问题有用的原因：若有一个多项式时间算法，或者没有一个这样的算法，对于 NP 完全问题存在，这将用一种相信不被上述结果排除在外的方法来解决 P＝NP 问题。

P＝NP 问题可以用逻辑命题的特定类的可表达性的术语来重新表述。所有 P 中的语言可以用一阶逻辑加上最小不动点操作来表达。

类似地，NP 是可以用存在性二阶逻辑来表达——也就是，在关系、函数、和子集上排除了全域量词的二阶逻辑。多项式等级，PN 中的语言对应与所有的二阶逻辑。这样，"P 是 NP 的真子集吗"这样的问题可以表述为"是否存在二阶逻辑能够表达带最小不动点操作的一阶逻辑的所不能表达的语言？"

普林斯顿大学计算机系的大楼将二进制代码表述的"P＝NP?"问题刻进顶楼西面的砖头上。如果证明了 P＝NP，砖头可以很方便的换成表示"P＝NP!"。

直到现在，这个奖还没有人拿到，也就是说，NP 问题到底是 Polynomial，还是 Non－Polynomial，尚无定论。

知识点

克雷数学研究所

克雷数学研究所（简称 CMI）是非牟利私营机构，总部在马萨诸塞州剑桥市。机构的目的在于促进和传播数学知识。它给予有潜质的数学家各种奖项和资助。它在 1998 年由商人兰顿·克雷和哈佛大学数学家亚瑟·杰夫创立，兰顿·克雷资助。

克雷数学研究所最为人熟知是它在 2000 年 5 月 24 日公布的千禧年大奖难题。这七道问题被研究所认为是"重要的经典问题，经许多年仍未解决。"解答任何一题的第一个人将获颁予 100 万美元奖金，所以这七道问题共值 700 万美元。克雷数学研究所的悬赏，参考了 1900 年希尔伯特的 23 个问题的做法，而希尔伯特以其问题深深地影响了 20 世纪的数学发展。

七大问题与悬赏办法

2000 年初美国克雷数学研究所的科学顾问委员会选定了七个"千禧年大奖问题"（NP 完全问题、霍奇猜想、庞加莱猜想、黎曼假设、杨—米尔斯理论、纳卫尔—斯托可方程、BSD 猜想），克雷数学研究所的董事会决定建立 700 万美元的大奖基金，每个"千禧年大奖问题"的解决都可获得百万美元的奖励。克雷数学研究所"千禧年大奖问题"的选定，其目的不是为了形成新世纪数学发展的新方向，而是集中在对数学发展具有中心意义、数学家们梦寐以求而期待解决的重大难题。

2000 年 5 月 24 日，千年数学会议在著名的法兰西学院举行。会上，1998 年费尔兹奖获得者伽沃斯以"数学的重要性"为题作了演讲，其后，他公布和介绍了这七个"千禧年大奖问题"。克雷数学研究所还邀请有关研究领域的专家对每一个问题进行了较详细的阐述。克雷数学研究所对"千禧年大奖问题"的解决与获奖作了严格规定。每一个"千禧年大奖问题"获得解决并不能立即得奖。任何解决答案必须在具有世界声誉的数学杂志上发表两年后且得到数学界的认可，才有可能由克雷数学研究所的科学顾问委员会审查决定是否值得获得百万美元大奖。

1−1+1−1+……=？

这里有一个级数 $S=1-1+1-1+……$。现在问，$S=$？

如果按照 $S=1-（1-1）-（1-1）-……$来分组，就得到 $S=1$。

如果按照 $S=（1-1）+（1-1）+……$来分组，则得到 $S=0$。

而意大利数学家格兰迪（1671～1742）则在《圆和双曲线求积》中辩解说，得到 $S=1$ 和 $S=0$ 的可能性是相等的，所以正确的答案是 $s=\dfrac{(1+0)}{2}=\dfrac{1}{2}$。

格兰迪还用一个现实生活中的例子来说明 $S=\dfrac{1}{2}$ 和 $S=0$ 的"正确性"：两个儿子继承父亲的一块宝石，他们轮流保存这块宝石 1 年，于是他们各拥有宝石的一半；另一方面，$(1-1)+(1-1)+\cdots=0$，所以世界确实是从空无一物中创造出来的。

欧拉得到 $\frac{1}{2}$ 的方法如下：他在得到等式 $1+x+x^2+x^3\cdots=\frac{1}{1-x}$ 之后，设其中的 $x=-1$，于是就有 $S=1-1+1-1+\cdots=\frac{1}{2}$。

当然，另外有多种方法也可以得到 $\frac{1}{2}$。例如，一种是把 $1-1+1-1+\cdots$ 看作是首项为 1，公比为 -1 的无穷等比级数，就得到 $S=\frac{1}{1-(-1)}=\frac{1}{2}$；另一种是 $S=1-(1-1+1-1+\cdots)=1-S$，即 $S=1-S$，从而得到 $S=\frac{1}{2}$，等等。

此外，莱布尼茨、雅科布·伯努利（1654～1705）、约翰·伯努利（1667～1748）、拉格朗日（1736～1813）、普阿松（1781～1840）也接受 $S=\frac{1}{2}$ 的观点。

这个著名的 S 问题，在捷克数学家兼哲学家和神学家波尔查诺（1781～1848）写的《无穷大的悖论》中有记载，所以被称为"波尔查诺悖论"。这本他去世前 18 天才写成的著名的小书，在他死后 3 年即 1851 年才出版。遗憾的是，他的大作在许多年后才受到人们的重视。德国数学家康托在《集合论》一书中，就称赞他是"集合论的开路先锋"。

那么，S 究竟等于 1，0 呢？还是等于 $\frac{1}{2}$ 呢？当时，包括像欧拉、法国的傅立叶这样的大数学家们，都迷惑不解，忧虑愁苦了许多年。

约翰·伯努利

直到 19 世纪下半叶，康托为"无穷大算术"奠基之后，这个问题才被彻底解决。正确的答案是，这种"无穷和"的运算，不能像我们经常用的"有限和"那样搞"拉郎配"随便"结合"或者"交换"——"无穷数学"中没有"结合律"和"交换律"。

近现代数学可证明 S 是发散的，即这个"和"根本就不存在。

像上述求 S 这样的问题并非绝无仅有。求" $M=1-2+4-8+16-32+64-\cdots\cdots=?$ "又是一个。

按照 $M=1+(-2+4)+(-8+16)+(-32+64)+\cdots\cdots$ 这样来配对，那么 $M=1+2+8+32+\cdots\cdots=\infty$。

按照 $M=(1-2)+(4-8)+(16-32)+\cdots\cdots$ 这样来配对，那么 $M=-1-4-16-\cdots\cdots=-\infty$。

再按照 $M=(1+4+16+\cdots\cdots)-(2+8+32+\cdots\cdots)$ 来计算，$M=\infty-\infty=0$。

最后，按照 $M=1-2(1-2+4-8+16-\cdots\cdots)=1-2M$ 来计算，$M=\dfrac{1}{3}$。

由于错误使用"结合律"的"包办婚姻"，竟得到 4 种不同的结果！不过，相信你能从前面的 S 问题得到" $M=?$ "的正确答案。

另一个错误使用"结合律"的例子是求：

$$N=\dfrac{1}{1\times 3}+\dfrac{1}{3\times 5}+\dfrac{1}{5\times 7}+\cdots\cdots=?$$

第一种错误的算法是：

$$N=\left(\dfrac{1}{1}-\dfrac{2}{3}\right)+\left(\dfrac{2}{3}-\dfrac{3}{5}\right)+\left(\dfrac{3}{5}-\dfrac{4}{7}\right)+\cdots\cdots$$

$$=1-\left(\dfrac{2}{3}-\dfrac{2}{3}\right)-\left(\dfrac{3}{5}-\dfrac{3}{5}\right)-\left(\dfrac{4}{7}-\dfrac{4}{7}\right)-\cdots\cdots$$

$$=1$$

第二种错误的算法是：

$$N=\dfrac{\dfrac{1}{1}-\dfrac{1}{3}}{2}+\dfrac{\dfrac{1}{3}-\dfrac{1}{5}}{2}+\dfrac{\dfrac{1}{5}-\dfrac{1}{7}}{2}+\cdots\cdots$$

$$=\dfrac{1}{2}-\left(\dfrac{1}{6}-\dfrac{1}{6}\right)-\left(\dfrac{1}{10}-\dfrac{1}{10}\right)-\left(\dfrac{1}{14}-\dfrac{1}{14}\right)$$

$$=\dfrac{1}{2}。$$

不过，对于这些今天看起来是正确的说法，我们并不能找到确定无疑的证明，使所有的人都心悦诚服。因为正如意大利科学家、艺术家达·芬奇所说："有一样东西不能证明自己，而且一旦它能够证明自己，它就不复存在。这个东西是什么？它就是无穷大！"

波尔查诺

波尔查诺，捷克数学家、哲学家。1796 年入布拉格大学哲学院攻读哲学、物理学和数学，1800 年又入神学院，1805 年任该校宗教哲学教授。波尔查诺的主要数学成就涉及分析学的基础问题。他首次给出了连续性和导数的恰当的定义；对序列和级数的收敛性提出了正确的概念；首次运用与实数理论有关的原理。在数学史上首次给出了在任何点都没有有限导数的连续函数的例子。波尔查诺对建立无穷集合理论也有重要见解，他坚持了实无穷集合的存在性，强调了两个集合的等价概念，注意到无穷集合的真子集可以同整个集合等价。

伯努利家族

在一个家族中，人才辈出，连续出了 11 位数学家，可以称得上是数学史上的一大奇迹。这个家族，就是瑞士巴塞尔城的伯努利家族。在先后出现的 11 位数学家中，以雅科布·伯努利、约翰·伯努利和丹尼尔·伯努利最为出色。

雅科布·伯努利，父亲要他自小学神学，但他一直坚持自学数学，在读了数学家莱布尼茨的著作后，便决定专攻数学了。后来成为一名数学教授，还在数学上作出了突出贡献，数学中的一些名词、术语甚至定理都以他的名字进行命名。

雅科布的弟弟约翰·伯努利，1696 年他以公信的方式，提出了著名的"捷线问题"，从而引发了欧洲数学界的一场论战。论战的结果产生了一个新的数学分支——变分法。约翰成了公认的变分法奠基人。

约翰的儿子丹尼尔，16 岁便大学毕业，跟随父亲研究数学。25 岁担任了彼得堡科学院院士，曾 10 次荣获巴黎科学院的奖金。34 岁那年与父亲合作解决了天文学上的难题，因而获得了双倍的奖金！

拉格朗日四平方和定理

有这样一道有趣的题：

$$\frac{10^2+11^2+12^2+13^2+14^2}{365}=?$$

如果你能看出其中的诀窍，那么你能马上说出答案：等于2。

为什么呢？因为：

$$10^2+11^2+12^2=13^2+14^2=365$$

365居然有这样的性质，可以表示成两个连续自然数平方之和，也可以表示成三个连续自然数平方之和：

$$365=13^2+14^2$$
$$365=10^2+11^2+12^2$$

当然。答案并不是唯一的，365也可以表示成其他两个数的平方和，或者表示成其他三个数的平方和，比如：

$$365=19^2+2^2$$
$$365=18^2+5^2+4^2$$

拉格朗日

还可以表示成四个数的平方和：

$$365=18^2+6^2+2^2+1^2$$

由此想到，是不是任何一个自然数都可以表示成四个数的平方和呢？比如：

$$71=6^2+5^2+3^2+1^2$$
$$253=14^2+7^2+2^2+2^2$$

早在1621年，这个问题就被巴赫特提出了，他对从1～325之间的数进行了验证，但还是未能证明这一结论。笛卡儿也深信这一命题正确无疑，但他觉得要证明却是太难了。

后来，大数学家欧拉研究了这个问题，并且接近于证明了这个命题。而最终给出完整证明的是拉格朗日，因此这个命题又被称为"拉格朗日四平方和定理"。

后来华林又推广了这个命题，他认为：任何自然数都可以表示成 4 个平方和，或者表示成 9 个立方和，或者表示成 19 个四次方和。

20 世纪初，著名的数学家希尔伯特接近于证明了上述命题，但是对于四次方的情况直到目前还没有彻底证明。目前只是证明如果用四次方的和来表示的话，其项数在 19～21 项之间，也就是说，目前还无法证明只需 19 项。因此还须进一步的努力。

1964 年我国著名数学家陈景润又进一步发展了这个命题，他不但提出而且证明了：任何自然数可以表示成 37 个五次方之和。

根据平方、立方、四次方、五次方的推测，形成了如下的猜想：

$$G(n) = 2^n + \left[\left(\frac{3}{2}\right)^n\right] - 2$$

其中，n 表示须表示成的几次方，$\left[\left(\frac{3}{2}\right)^n\right]$ 为取其整数部分，公式求出的 $G(n)$ 就是相应所需的项数，比如我们代入 $n=2，3，4，5\cdots\cdots$ 以后，就能得到项数分别为 $G(2)=4，G(3)=9，G(4)=19，G(5)=37\cdots\cdots$

但是这个猜想如何来证明，却是很难的。

拉格朗日

拉格朗日法国数学家、物理学家。他在数学、力学和天文学三个学科领域中都有历史性的贡献，其中尤以数学方面的成就最为突出。拿破仑称他是"一座高耸在数学界的金字塔"。他在数学上最卓越的贡献是使数学分析与几何与力学脱离开来，使数学的独立性更为清楚，从此数学不再仅仅是其他学科的工具。拉格朗日总结了 18 世纪的数学成果，同时又为 19 世纪的数学研究开辟了道路，堪称法国最杰出的数学大师。同时，他的关于月球运动（三体问题）、行星运动、轨道计算、两个不动中心问题、流体力学等方面的成果，在使天文学力学化、力学分析化上，也起到了历史性的作用，促进了力学和天体力学的进一步发展，成为这些领域的开创性或奠基性研究。

拉格朗日的遭遇

1793 年 9 月当时的法国政府决定逮捕所有在敌国出生的人，经拉瓦锡竭力向当局说明后，把拉格朗日作为例外。1794 年 5 月 7 日法国雅各宾派开庭审判波旁王朝包税组织人物，把包括拉瓦锡在内的 28 名成员全部处以死刑。拉格朗日等人尽力地挽救，请求赦免，但是遭到了革命法庭副长官考费那尔的拒绝，并宣称："共和国不需要学者，而只需要为国家而采取的正义行动"！第二天 5 月 8 日的早晨，拉格朗日痛心地说："他们可以一眨眼就把拉瓦锡的头砍下来，但他那样的头脑一百年也再长不出一个来了"。

1795 年成立国家经度局，统一管理全国航海、天文研究和度量衡委员会，拉格朗日是委员之一．在同年成立的两个法国最高学府——师范学校和综合工科学校中，拉格朗日等为首批教授。在取消对科学院的专政后，1795 年建立了法国最高学术机构——法兰西研究院，选举拉格朗日为第一分院（即科学院）的数理委员会主席。

名额分配问题中的悖论

数学具有应用广泛性的特点。在现代，数学更几乎渗透到人类科学和人类活动的一切领域，不仅在自然科学、经济科学，在其他社会科学中数学方法也占有越来越重要的地位。社会科学的一个重要领域——政治学中也较早就应用了数学，首先是人口统计、社会统计等问题对数学有较多的需要。"名额分配问题"就是其中一个著名的例子，它以应用浅显的数学知识得出了深刻的政治结论而又一直未获根本解决而著称于世。

下面是名额分配问题的由来。

根据美国宪法，美国国会分参众两院，参议院中各州有等额议席，而众议院"议员名额……将根据各州的人口比例分配……"。

美国宪法 1787 年获得通过，1788 年生效，但从 1790 年以来的 200 多年间，怎样操作才算公正合理地按这一原则分配好名额一直是美国政治家，以及许多介入其中的科学家研究和争议的问题，人们创立了许多方法，但

没有一种方法得到公认。

把这个问题数学化，则可做如下探讨：设美国一共有 s 个州，众议院一共设有 h 个议员席位。再设第 i 州有人口 p_i（$i=1$，2，$\cdots$，s）。则全国总人口有 $p=p_1+p_2+\cdots+p_s$，第 i 州的人口占全国总人口的比例为 $\dfrac{p_i}{p}$。按上述宪法原则，第 i 州应有 $\dfrac{p_i}{p}\cdot h$ 个议员名额，记为 $q_i=\dfrac{p_i}{p}h$，称为第 i 州的"份额"，则显然有 $q_1+q_2+\cdots+q_s=h$。

但是一般地，q_i 不是整数，而议员名额却必须是整数。怎么办？这就是名额分配问题的症结所在。

一个首先想到的方法可能就是"四舍五入"取 q_i 为整数，但此路不通：设 $h=5$，$s=3$，$q_1=1.5$，$q_2=1.6$，$q_3=1.9$ 四舍五入，则每州应有 2 个议员名额，总共 6 个名额，但现在 $h=5$，问题未能解决。

那么用"去尾法"或"进一法"对 q_i 取整数，也不行：或者名额不够，或者名额剩余。

既然不能通过简单的对份额取整完成名额分配。问题就成为：在众议院席位数 h、州数 s、各州人口数 p_i（$i=1$，2，3，$\cdots$，s）给定的条件下，求出各州的份额 q_i（$i=1$，2，$\cdots$，s）后，如何找出相应的一组整数 a_1，a_2，$\cdots$，a_s，使得 $a_1+a_2+\cdots+a_s=h$，让第 i 州取得 a_i（$i=1$，2，$\cdots$，s）个议员名额，并且"尽可能地"满足美国宪法所规定的"按人口比例分配"的原则？

这就是"名额分配问题"。

美国第一任总统乔治·华盛顿时代的财政部长亚历山大·汉密尔顿首先于 1790 年提出了解决名额分配问题的一种方法，1792 年被美国国会通过，称为汉密尔顿方法。

这一方法规定如下操作程序：

（1）取各州的份额 q_i 的整数部分 $[q_i]$（如 $q_i=1.5$，$[q_i]=1$；$q_k=0.82$，$[q_k]=0$），先让第 i 州拥有 $[q_i]$ 个议员名额。

（2）再看各州份额 q_i 的小数部分。按从大到小的顺序，把余下的议员名额逐个分配给各相应的州，分完为止。

具体作法是：小数部分（$q_i-[q_i]$）最大的州优先取得余下名额中的一个，小数部分次大的州取得再余下的名额中的一个……直到名额分完为止。

考虑前面那个例子，按汉密尔顿方法就可以先使每州各得一个名额，然后看 $q_i - [q_i]$，有 $q_1 - [q_1] = 0.5$，$q_2 - [q_2] = 0.6$，$q_3 - [q_3] = 0.9$，则再给第 3 州一个名额、第 2 州一个名额，分配结果为 $a_1 = 1$，$a_2 = a_3 = 2$。

汉密尔顿

汉密尔顿方法看起来是相当公正合理的，但它于 1792 年被美国国会通过后并未能马上付诸实施。因为当时的美国国务卿、后来当选为美国总统的杰弗逊与汉密尔顿政见不合。杰弗逊说服了华盛顿总统，使其第一次行使总统否决权否决了接受汉密尔顿方法，而采用了杰弗逊的方法。

杰弗逊方法是一种"除子方法"。在前面我们谈问题的缘起时指出，问题的关键是：虽然有 $q_1 + q_2 + \cdots + q_s = h$，但对 q_i 以某种方式取整 $[q_i]$ 后 $[q_1] + [q_2] + \cdots + [q_s]$ 就不一定等于 h 了。

杰弗逊认识到 q_i 只有相对的意义，而不具有绝对的意义，因而，用一个正数 λ 去除所有的 q_i，得到 $\frac{q_i}{\lambda}$，用 $\frac{q_i}{\lambda}$ 代替原来的 q_i，其对相应的第 i 州来说表示"份额"的意义不变。这样如果选取适当的 λ，使 $\frac{q_i}{\lambda}$ 在某种取整数的方法（如四舍五入法、去尾法、进一法等）下得到的整数 $\left[\frac{q_i}{\lambda}\right]$ 加起来后恰好等于 h，则可把 $a_i = \left[\frac{q_i}{\lambda}\right]$ 作为第 i 州应得的议员名额。由于是用正数 λ 除后才得出名额的，所以叫"除子方法"，如果用"去尾法"取得整数 $\left[\frac{q_i}{\lambda}\right]$，就叫杰弗逊法。

仍用前例。取 $\lambda = 0.8$，则 $\frac{q_i}{\lambda} = \frac{1.5}{0.8} = 1.875$，$\frac{q_2}{\lambda} = \frac{1.6}{0.8} = 2$，$\frac{q_3}{\lambda} = \frac{1.9}{0.8} = 2.375$。用去尾法得 $a_1 = \left[\frac{q_i}{\lambda}\right] = 1$，$a_2 = \left[\frac{q_2}{\lambda}\right] = 2$，$a_3 = \left[\frac{q_3}{\lambda}\right] = 2$。

比较而言，两种方法的效果一样。不过杰弗逊法也有令人不能接受的地方。那就是它不能符合所谓"公平分摊"的原则。这个原则是：按常理，

对某一个非整数份额 q_i，它所取的名额数 a_i 应满足 $[q_i] < a_i < [q_i] + 1$（其中方括号仅表示用去尾法取整数）。

但采用杰弗逊法，可产生"例外"，例如 $s = 3$，$h = 5$，而 $q_1 = 0.6$，$q_2 = 0.5$，$q_3 = 3.9$，则显然有 $q_3 < 4$，按"原则"，应有 $3 < a_3 < 4$，但按杰弗逊法，取 $\lambda = 0.7$，则有 $a_1 = \left[\dfrac{q_1}{\lambda}\right] = 0$，$a_2 = \left[\dfrac{q_2}{\lambda}\right] = 0$，$a_3 = \left[\dfrac{a_3}{\lambda}\right] = 5$。

这种情况使美国国会在华盛顿总统否决汉密尔顿法 50 年后，重又接受了汉密尔顿法，并于 1851 年开始在美国实际使用。

从 1880 年，美国众议院正式采用汉密尔顿法的第 30 年开始，美国国会出现了关于汉密尔顿法的公正合理性的激烈争论。其原因是 1880 年美国人口普查后，美国的一个州——亚拉巴马州发现用汉密尔顿方法分配名额使自己吃了亏。后来，1890 年和 1900 年美国人口普查后，缅因州和科罗拉多州也认为自己吃了亏，因此反对汉密尔顿方法。这就是因为产生了一系列的"悖论"。

（1）亚拉巴马悖论

按常理，假定各州的人口比例不变，而众议院议员席位由于某种原因增加了一席，那么各州的议员名额或者不变，或者增加，无论如何不应减少，但是汉密尔顿法却不能保证这一点。

例如，假定有 3 个州，它们的人口比例分别为 $\dfrac{p_1}{p} = 0.45$，$\dfrac{p_2}{p} = 0.43$，$\dfrac{p_3}{p} = 0.12$，在 $h = 3$ 时，其份额为 $q_1 = 1.35$，$q_2 = 1.29$，$q_3 = 0.36$，用汉密尔顿法，可得 $a_1 = 1$，$a_2 = 1$，$a_3 = 1$。当 $h = 4$ 时，份额变为 $q_1' = 1.8$，$q_2' = 1.72$，$q_3' = 0.48$，按汉密尔顿法得 $a_1 = 2$，$a_2 = 2$，$a_3 = 0$，第 3 州无故失去了它本来仅有的一个议员席位！当州数 s 和各州人口比例 $\dfrac{p_i}{p}$ 不变，众议院议员席位 h 增加反而导致某州议员名额减少，就称为"亚拉巴马悖论"（因 1880 年该州最先遇到这种情况）。

（2）人口悖论

当 h 不变时，若各州人口有所增长，则即使第 i 州的人口增长率比第 j 州更大，有时也有可能第 i 州失去一个席位而第 j 州增加一个席位。这种情况称为人口悖论。

如 $s = 3$，$h = 3$，$p_1 = 420$，$p_2 = 455$，$p_3 = 125$，则 $p = 1000$，$q_1 = 1.26$，$q_2 = 1.365$，$q_3 = 0.375$，用汉密尔顿方法，得 $a_1 = 1$，$a_2 = 1$，$a_3 = 1$。若过

一段时候，各州人口变为 $q_1'=430$，$q_2'=520$，$q_3'=150$，其中第 3 州人口增长率最大，但此时，$q_1'=1.17$，$q_2'=1.42$，$q_3'=0.41$，用汉密尔顿法得 $a_1'=1$，$a_2'=2$，$a_3'=0$。第 3 州却失去一席。

（3）新州悖论

设有一个新的州加入了美利坚合众国（这在美国历史上发生过数十次），则总人口增加，相应地众议院席位也有所增加。这时原来某个州失去了一个席位，而另一个州增加了一席，虽然原来所有州的人口都没有发生变化，这种情况称为新州悖论。

设 $h=4$，$p_1=623$，$p_2=377$，则由汉密尔顿法得出 $a_1=2$，$a_2=2$。若加入 $p_3=200$，$h=5$，则得 $a_1=3$，$a_2=1$，$a_3=1$，第 2 州少 1 席而第 1 州增 1 席。

这些悖论都表示着汉密尔顿法的不合理之处，因此，它于 1910 年被废止。

汉密尔顿法不合理，以杰弗逊法为代表的各种除子方法也不尽如人意，怎么办呢？是否存在一种能使各方面都满意的名额分配方法呢？

两位著名学者，美国的巴林斯基和杨，在名额分配问题的研究中引进了公理化方法。即事先根据具体的现实问题给出一系列合理的要求，称为"公理"，然后用逻辑方法考察这些公理之间是否相容。如果不相容，则说明符合这些公理的对象并不存在。

巴林斯基和杨在 1982 年证明了关于名额分配问题的一个不可能定理，指出包括"不产生人口悖论"、"不违反'公平分摊'原则"等在内的 5 条十分合理的公理不相容，即满足这 5 条公理的名额分配方法并不存在。

但名额分配问题是一个有现实需要的问题，怎样尽可能合理地解决这个问题，是当代数学家正在研究的问题之一。

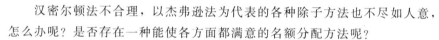

汉密尔顿

汉密尔顿（1757～1804），美国的开国元勋之一，也是宪法的起草人之一，他是美国的第一任财政部长。虽然他也身为美国建国之父之一，却没能像别的人那样坐上美国总统宝座，而且在与对手杰弗逊的竞争中似乎输得惨不忍睹，然而在其过世之后，他的政治遗产，包括"工业建国之路"和建立一个强有力的中央政府等等，却在美国历史中起着越来越显著的作用。甚至一些影响了美国历史进程的总统，如林肯和西奥多·罗斯福，他们所施行的政策就是建立在汉密尔顿的遗产基础上的。

有人这样总结他："如果说杰弗逊提供了美国政治论文的必要华丽诗篇，那么汉密尔顿就撰写了美国的治国散文。没有哪位开国元勋像汉密尔顿那样对美国未来的政治、军事和经济实力有如此的先见之明，也没有哪个人像他那样制订了如此恰如其分的体制使全国上下团结一心。"

死于决斗的汉密尔顿

晚年的汉密尔顿重归于年轻时候信仰的基督教，但他在临终之时要求纽约特尼提教堂为其举行圣餐礼时，却一度被拒绝，原因是他始终难以放弃"决斗"这一有违基督教义的行为——他的死便是出于与政敌副总统亚伦·伯尔的决斗，当时汉密尔顿答应了决斗，却因为基督教信仰而故意将子弹打偏。汉密尔顿的雄辩最终说服了教堂方面，为其举行了仪式，他说，他已经虔诚地忏悔，并愿意与所有的人和解，包括伯尔。

按照决斗的规则，汉密尔顿先开枪，奇怪的是，他发出的子弹离伯尔甚远。而伯尔毫不手软，一枪命中汉密尔顿的右胸。在整理汉密尔顿的遗作时，人们发现了他决斗前一天晚上写的日记。汉密尔顿在日记中说，自己明天不会开枪。为什么汉密尔顿有此打算，而第二天他又开了于事无补的一枪，并造成自己悲剧性的死亡，这始终是一个谜。